高职高专“十三五”规划教材

■ 高红宇　李艳霞　主编

数控机床机械装调维修

化学工业出版社
·北京·

本书突出实际应用，注重培养学生掌握机床原理、结构、拆装方法、装调方法。书中内容主要包括数控机床操作安全知识、数控机床的管理及维修制度、数控机床装配的基础知识、数控机床的机械装调与维修、数控机床装调维修案例、数控机床的精度检测、机床拆装过程中应思考的问题等。为方便教学，配套电子课件和教案。

本书可作为高职高专院校数控技术、数控设备应用与维护专业及机电类相关专业的教材，也可作为培训教材、中等职业院校教材，同时亦可供企业相关人员参考。

图书在版编目（CIP）数据

数控机床机械装调维修/高红宇，李艳霞主编. —北京：化学工业出版社，2017.8
高职高专“十三五”规划教材
ISBN 978-7-122-30017-1

Ⅰ.①数… Ⅱ.①高… ②李… Ⅲ.①数控机床-安装-高等职业教育-教材②数控机床-调试方法-高等职业教育-教材③数控机床-维修-高等职业教育-教材 Ⅳ.①TG659

中国版本图书馆CIP数据核字（2017）第148235号

责任编辑：韩庆利
责任校对：王素芹　　　　装帧设计：史利平

出版发行：化学工业出版社（北京市东城区青年湖南街13号　邮政编码100011）
印　　装：三河市延风印装有限公司
787mm×1092mm　1/16　印张9　字数198千字　2017年9月北京第1版第1次印刷

购书咨询：010-64518888（传真：010-64519686）　售后服务：010-64518899
网　　址：http://www.cip.com.cn
凡购买本书，如有缺损质量问题，本社销售中心负责调换。

定　　价：28.00元

本教材结合生产实际，由专业教师结合企业一线生产设计主管工程师意见和建议进行编写，以企业岗位能力为目标,实现理论与实践相融合的项目教学方法，以真实的工作任务为载体，通过做与学、教与学、学与考、过程评价与结果评价的有机结合，有效实施教学全过程，充分体现了“以教师为主导，以学生为主体”的教学理念，适合高职高专数控技术、数控设备应用与维护及机电类相关专业学生使用。

数控机床装调维修是重点专业课程，是机床机构理论教学之后进行的实践教学环节。目的在于巩固所学知识，学会查阅有关资料，端正学习态度，勤思考、勤观察、勤动手，学会自学、主动学习的方法，学会计划、实施、检查、改进的方法。树立正确的学习、工作思想，掌握机床原理、结构、拆装方法、装调方法，培养学生的实际工作能力。

本教材内容主要包括数控机床操作安全知识、数控机床的管理及维修制度、数控机床装配的基础知识、数控机床的机械装调与维修、数控机床装调维修案例、数控机床的精度检测、机床拆装过程中应思考的问题等。

本教材由天津轻工职业技术学院高红宇、李艳霞担任主编。具体编写分工如下：项目一、项目二、项目三由李艳霞和王叔平编写；项目四、项目五、项目六、项目七由高红宇编写；高红宇负责全书内容的组织和统稿。天津轻工职业技术学院韩志国副教授和李月凤教授审阅了全书，由大连机床公司的宋恒满高级工程师指导，并提出了许多宝贵的意见和建议，在此谨致谢忱！

本书配套电子课件和电子教案，可赠送给用本书作为授课教材的院校和老师，如果需要可发邮件到 hqlbook@126.com 索取。

限于水平有限和时间匆忙，书中定有疏漏之处，恳请读者批评指正。

编　者

目录
CONTENTS

项目一

数控机床操作安全知识

学习目标

掌握基本操作要求、常规检查须知；

了解接通电源之前的要求和维修、维护及操作须知。

机床配有许多安全装置以防止操作人员和设备受伤害和损坏，应该彻底地清楚各种安全标牌的内容以及规定后再上机工作。

任务一 ▶▶ 掌握基本操作要求

※危险

• 有些控制盘变压器、电机接线盒以及带有高压接线端子的部位不要去接触，否则会引起电击。

• 不要用湿手触摸开关，否则会引起电击。

※须知

• 应当非常熟悉急停按钮开关的位置，以便在任何需要使用它时，无须寻找就会按到它。

• 在安放保险丝之前，一定要将机床断电。

• 要有足够的工作空间，以避免产生危险。

• 水或油能使地面打滑而造成危险，为了防止出现意外的事故，工作地面应保持洁净干燥。

• 在使用开关之前，一定要确认，不要弄错。

• 不要乱碰开关。

• 接近机床的工作台应结实牢固，以防止出现事故，要避免物件从工作台面上滑下。

• 如果一项任务须由二个以上的人来完成，那么，在操作的每一个步骤上都应当规定出协调的信号，除非已给出了规定的信号，否则就不要进行下一步操作。

※注意

• 当电源部分出现故障时，应立即断开主电路开关。

• 使用推荐的液压油、润滑油和油脂或认可的等同性能的同类物质。

• 应当使用具有适宜电流额定值的保险丝。

• 要防止操作盘、电气控制盘等受到冲击，否则能引起故障，使设备不正常工作。

• 不要改变参数值或其他电气设置。若需非变不可的话，则应在改变之前将原始值记录下来，以便在必要时，可以恢复到它们的原始调整值。

• 不要弄脏、刮伤或弄掉警告标牌。如果标牌上的字迹已变得模糊不清或遗失了，应向厂方订购新的标牌。在订购时要标清标牌的件号。

任务二 ▶▶ 了解接通电源之前的要求

※危险

• 凡是绝缘皮坏的缆线、软线或导线都会产生电流泄漏和电击。所以，在使用它们之前，应进行检查。

※须知

• 一定要弄懂说明书和编程手册中所规定的内容。对每一个功能和操作过程都要弄清楚。

• 应穿防油的绝缘鞋，穿工作服和佩戴其他安全防护用品。

• 将所有 NC 装置、操作盘和电气控制盘的门和盖都关上。

※注意

• 为机床所配置的送电开关的缆线和主线路开关用的缆线必须具有足够的横截面积以及满足电力的要求。

• 铺设在地面的缆线必须能防铁屑以避免产生短路。

• 机床拆箱后第一次使用之前，应使机床空运转几小时，对每个滑动部件都要用新的润滑油加以润滑，应使润滑泵连续工作，直到油从刮屑器处渗出为止。

• 应将油箱的油灌到油标处。在必要时应进行检查并加注油。

• 对于润滑点，油的种类和相应的油位，请参见各自有关的说明标牌。

• 各个开关及操作手柄都应灵活、平滑好用。要检查它们的动作情况。

※危险

• 在机床主轴运转时，任何情况下，禁止扳动床头前的变速手柄，机床在空挡位置时，严禁启动。

• 当给机床送电时，要在操纵盘上依次接通工厂送电开关、主线路开关和电源开关。

• 检查冷却液的液量，必要时添加冷却液。

任务三 ▶▶ 掌握常规检查须知

※危险

• 在检查皮带的松紧时，千万不要将手指插到皮带和皮带轮之间。

※注意

• 检查电机、主轴箱和其他部件是否发出异常的噪声。

• 检查各滑动部件的润滑情况。

• 检查防护罩和安全装置是否处于良好的状态。

• 检查皮带的松紧度。若皮带太松应用新的相匹配的皮带换上。

任务四 ▶▶ 了解升温须知

• 如果机床停运了很长时间，不要再一开始就进入实际的加工，由于润滑不足，很可能会使传动部件受损。这样，导致机床部件受热膨胀，从而影响加工精度。为了避免这种情况，所以一定要对机床升温。

• 对机床进行升温，特别是对主轴和进给轴进行升温，应该在机床的自动状况下，中速运行，使机床达到稳定温度。

• 该机床的自动操作程序控制机床的各种动作，所以，应对它的每个动作进行检查。

任务五 ▶▶ 了解开机前的准备工作

※须知

• 工件应该确保符合机床的技术参数、尺寸和型号。

• 过分的刀具磨损能够引起损坏，因此，就应将所有的有严重磨损的刀具用新刀换下。

• 工作区应有足够的亮度以方便安全检查。机床或设备和周围的工具及其他物品应存放有序，保持良好关系和通道畅通。工具或其他任何物品都不要放在主轴箱上、刀架上或另外一些相似的位置上。

• 如果重型的圆柱件的中心孔太小，在加载后，工件很可能会跳出顶尖，所以，一定要注意中心孔的规格和角度。

※注意

• 对于工件的长度应限制在规定之内，以防止干扰。

• 刀具安装后，应进行试运转。

• 机床必须仔细地用煤油洗涤防锈涂料，主轴箱内用加热的煤油冲洗，除去导轨上的油纸，擦干净后重新注上导轨润滑油，不得用纱布或其他硬物磨刮机床。开机前注意向油箱和水箱中按要求分别注入适量的润滑油和冷却液。

• 在开始使用机床前，应详细阅读机床使用说明书及清楚机床的各种要求和工作条件。清楚各按钮、旋钮的功能和使用方法。而后仔细检查电器系统是否完好。接线及插头连接是否正确，运输中有无连线松动、虚接情况，电机有无受潮。接通后，注意电机旋转方向是否符合规定。开动机床前必须仔细了解机床结构性能、操作、润滑和电器说明。先用手动操作检查机床各部机能的工作，再用手动输入一个单程序，最后用手动输入，检验全机自动循环。在试验中机床运转必须平稳，润滑充分，动作灵活。各种机能都符合要求，才能开始使用。

任务六 ▶▶ 了解维修、维护及操作须知

※危险

• 披着长发，不要操作机床。一定要戴工作帽后再工作。

• 操作开关时不得戴手套。否则，很可能引起错误动作等。

• 对于重型工件，无论什么时候移动它都必须由两人或更多人一起工作，以消除危险的隐患。

• 操作叉式升降机，吊车或相类似的设备都应特别细心，防止碰撞周围的设备。

• 所使用的吊运钢丝绳或吊钩都必须具有足够的强度以满足吊运的负载的要求，并严格地限制在安全规定之内。

• 工件必须夹牢。

• 一定要在关机的状态下调整冷却液的喷嘴。

• 不要用手或以其他方式去触摸加工中的工件或转动的主轴。

• 从机床上卸下工件时应使刀具及主轴停止转动。

• 在切削工件期间不要清理切屑。

• 在没有关好安全防护装置的前提下，不得操作机床。

• 应当用刷子清理刀头上的切屑，不得用裸手去清理。

• 安装或卸下刀具都应在停车状态下进行。

• 对镁合金件进行加工，操作者应佩戴防毒面具。

※注意

• 在自动加工过程中，不要打开机床门。

- 在进行重载加工时，由于热的切屑能够引起火灾，所以应防止切屑堆积。

任务七 ▶▶ 了解如何安装

对于机床来说，安装的方法对机床的功能有极大的影响。如果一台机床的导轨是精密加工的，而该机床安装得不好，则不会使其达到最初的加工精度。这样就很难获得所需要的加工精度。大多数故障都是因安装不当而引起的。

水泥地基应浇筑在紧实的土壤上（应在安装机床前完成），水平面误差应保持在5mm以内，水泥地基深度为300mm，混凝土层的深度不小于400mm。垫铁穿过地脚螺钉放好，然后将机床缓缓落下，调整床身上4个调整螺栓，同时检查机床的水平，使水平仪在纵向上及横向上的读数均不超过0.04/1000mm。

用水泥固定地脚螺钉，干固后，旋紧地脚螺钉螺母，同时用水平仪再次检查机床的水平。

必须仔细地阅读使用说明书中安装步骤，并按照规定的安装要求来安装机床才可能使机床进行高精度的加工。

项目二
数控机床的管理及维修制度

学习目标

掌握数控机床的维修管理和数控机床故障维修的原则；
了解数控机床的管理和对维修人员的素质要求；
学会数控机床的保养和数控机床的维修。

任务一 了解数控机床的管理

一、数控机床管理的任务及内容

数控机床的管理要规范化、系统化并具有可操作性。数控机床管理工作的任务概括为“三好”，即“管好、用好、修好”。

（1）管好数控机床　企业经营者必须管好本单位所拥有的数控机床，即掌握数控机床的数量、质量及其变动情况，合理配置数控机床。严格执行关于设备的移装、调拨、借用、出租、封存、报废、改装及更新的有关管理制度，保证财产的完整齐全，保持其完好和价值。操作工必须管好自己使用的机床，未经上级批准不准他人使用，杜绝无证操作现象。

（2）用好数控机床　企业管理者应教育本部门工人正确使用和精心维护，安排生产时应根据机床的能力，不得有超性能和拼设备之类的短期化行为。操作工必须严格遵守操作、维护规程，不超负荷使用及采取不文明的操作方法，认真进行日常保养，使数控机床保持整齐、清洁、润滑、安全。

（3）修好数控机床　车间安排生产时应考虑和预留计划维修时间，防止带病运行。操作工要配合维修工修好设备，及时排除故障。要贯彻“预防为主，养为基础”的原则，实行计划预防修理制度，广泛采用新技术、新工艺，保证修理质量，缩短停机时间，降低修理费用，提高数控机床的各项技术经济指标。

数控机床管理工作的主要内容可以归纳为正确使用、计划预修、搞好日常管理等。

二、数控机床使用的初期管理

1. 使用初期管理的含义

数控机床使用初期管理是指数控机床在安装试运转后投产到稳定生产这一时期（一般约半年）对机床的调整、保养、维护、状态监测、故障诊断以及操作、维修人员的培训教育，维修技术信息的收集、处理等全部管理工作。其目的如下。

（1）使安装投产的数控机床能尽早达到正常稳定的技术状态，满足生产产品质量和效率的要求。

（2）通过生产验证可及时发现数控机床从规划、选型、安装、调试至使用初期出现的各种问题，尤其是对数控机床本身的设计、制造中的缺陷和问题，通过信息反馈，以促进数控机床设计、制造质量的提高和改进数控机床选型、购置工作，并为今后的数控机床规划决策提供可靠依据。

2. 使用初期管理的主要内容

（1）做好初期使用中的调试，以达到原设计预期功能。

（2）对操作、维修工人进行使用维修技术的培训。

（3）观察机床使用初期运行状态的变化，做好记录与分析。

（4）查看机床结构、传动装置、操纵控制系统的稳定性和可靠性。

（5）跟踪加工质量、性能是否能达到设计规范和工艺要求。

（6）考核机床对生产的适用性和生产效率情况。

（7）考核机床的安全防护装置及能耗情况。

（8）对初期发生故障部位、次数、原因及故障间隔期进行记录分析。

（9）要求使用部门做好实际开动台数、使用条件、零部件损伤和失效记录。对典型故障和零部件的失效进行分析，提出对策。

（10）对发现机床原设计或制造的缺陷，采取改进、维修等措施。对使用初期的费用、效果，进行技术经济分析和评价。将使用初期所收集信息分析结果向有关部门反馈。

数控机床使用部门及其维修单位对新投产的机床要做好使用初期运行情况记录，填写使用初期信息反馈记录表送交设备管理部门，并由设备管理部门根据信息反馈和现场核查做出设备使用初期技术状态鉴定表，按照设计、制造、选型、购置、安装调试等方面分别向有关部门反馈，以改进今后的工作。

三、数控机床的使用要求

1. 技术培训

为了正确合理地使用数控机床，操作工在独立使用设备前，必须进行必要的基本知识和技术理论及操作技能的培训，并且在熟练技师指导下，实际上机训练，达到一定的熟练程度。同时要参加国家职业资格的考核鉴定，经过鉴定合格并取得资格证后，方能独立操作所使用数控机床。严禁无证上岗操作。

技术培训、考核的内容包括数控机床结构性能、数控机床工作原理、传动装置、数控系统技术特性、金属加工技术规范、操作规程、安全操作要领、维护保养事项、安全防护措施、故障处理原则等。

2. 实行定人定机持证操作

数控机床必须由经考核合格持职业资格证书的操作工操作，严格实行定人定机和岗位责任制，以确保正确使用数控机床和落实日常维护工作。多人操作的数控机床应实行机长负责制，由机长对使用和维护工作负责。公用数控机床应由企业管理者指定专人负责维护保管。数控机床定人定机名单由使用部门提出，报设备管理部门审批，签发操作证；精、大、稀、关键设备定人定机名单，设备部门审核报企业管理者批准后签发。定人定机名单批准后，不得随意变动。对技术熟练能掌握多种数控机床操作技术的工人，经考试合格可签发操作多种数控机床的操作证。

3. 建立使用数控机床的岗位责任制

（1）数控机床操作工必须严格按“数控机床操作维护规程”、“四项要求”、“五项纪律”的规定正确使用与精心维护设备。

（2）实行日常点检，认真记录。做到班前正确润滑设备；班中注意运转情况；班后清扫擦拭设备，保持清洁，涂油防锈。

（3）在做到“三好”要求下，练好“四会”基本功，做好日常维护和定期维护工作；配合维修工人检查修理自己操作的设备；保管好设备附件和工具，并参加数控机床修后验收工作。

（4）发生设备事故时立即切断电源，保持现场，及时向生产工长和车间机械员（师）报告，听候处理。

4. 建立交接班制度

连续生产和多班制生产的设备必须实行交接班制度。认真执行交接班制度和填写好交接班及运行记录。交班人除完成设备日常维护作业外，必须把设备运行情况和发现的问题详细记录在交接班簿上，并主动向接班人介绍清楚，双方当面检查，在交接班簿上签字。接班人如发现异常或情况不明，记录不清时，可拒绝接班。如交接不清，设备在接班后发生问题，由接班人负责。

企业对在用设备均需设“交接班簿”，不准涂改撕毁。区域维修部（站）和机械员（师）应及时收集分析，掌握交接班执行情况和数控机床技术状态信息，为数控机床状态管理提供资料。

5. 操作工使用数控机床的基本功和操作纪律

（1）数控机床操作工“四会”基本功

① 会使用　操作工应先学习数控机床操作规程，熟悉设备结构性能、传动装置，懂得

加工工艺和工装工具在数控机床上的正确使用。

② 会维护　能正确执行数控机床维护和润滑规定，按时清扫，保持设备清洁完好。

③ 会检查　了解设备易损零件部位，知道完好检查项目、标准和方法，并能按规定进行日常检查。

④ 会排除故障　熟悉设备特点，能鉴别设备正常与异常现象，懂得其零部件拆装注意事项，会做一般故障诊断或协同维修人员进行排除。

（2）维护使用数控机床的“四项要求”

① 整齐　工具、工件、附件摆放整齐，设备零部件及安全防护装置齐全，线路管道完整。

② 清洁　设备内外清洁，无“黄袍”，各滑动面、丝杠、齿条、齿轮无油污，无损伤。各部位不漏油、漏水、漏气，铁屑清扫干净。

③ 润滑　按时加油、换油，油质符合要求；油枪、油壶、油杯、油嘴齐全，油毡、油线清洁，油窝明亮，油路畅通。

④ 安全　实行定人定机制度，遵守操作维护规程，合理使用，注意观察运行情况，不出安全事故。

（3）数控机床操作工的“五项纪律”

① 凭操作证使用设备，遵守安全操作维护规程；

② 经常保持机床整洁，按规定加油，保证合理润滑；

③ 遵守交接班制度；

④ 管理好工具、附件，不得遗失；

⑤ 发现异常立即通知有关人员检查处理。

任务二 ▸▸ 掌握数控机床的维修管理

一、选择合理的维修方式

设备维修方式可以分为事后维修，预防维修，改善维修，预知维修或状态维修等。如果从修理费用、停产损失、维修组织和维修效果等方面衡量，每种维修方式都有它的优点和不足。选择最佳的维修方式，可用最少的费用取得最好的修理效果。按规定进行日常维护、保养可大大降低故障率。

二、建立专业维修组织和维修协作

有些企业的进口数控机床一旦出现故障，就去请国外的专家上门维修，不但加重了企业负担，还延误了生产。因此，有一定数量数控机床的企业应建立专业化的维修机构，如数控设备维修站或维修中心。这些机构应由具有机电一体化知识及较高素质的人员负责，维修人员应由电气工程师、机械工程师、机修钳工、电工和数控机床操作人员组成，企业领导应保护维修人员的积极性，提供业务培训的条件，保持维修人员队伍的稳定。为了更好地开展工作，对维修站、维修中心配备必要的技术手册、工具器具及测试仪器。

目前，国内拥有的数控机床千差万别，它们的硬件、软件配置不尽相同，数控系统几乎包括了世界上所有类型，这就给维修带来了很大的困难。建立维修协作网，特别是尽量与使用同类数控机床的单位建立友好联系，在资料的收集、备件的调剂、维修经验的交流、人员的相互支援上互通有无，取长补短、大力协作，对数控机床的使用和维修能起到很好推动作用。

三、备件国产化

进口数控机床维修服务及备件供应不及时，向国外购买备件价格贵，渠道不畅通。因此除建立一些备件服务中心外，使备件国产化是非常重要的。

任务三 ▶▶ 学会数控机床的保养

正确合理地使用数控机床是数控机床管理工作的重要环节。数控机床的技术性能、工作效率、服务期限、维修费用与数控机床是否正确使用有密切关系。正确地使用数控机床，还有助于发挥设备技术性能，延长两次修理的间隔、延长设备使用寿命，减少每次修理的劳动量，从而降低修理成本，提高数控机床的有效使用时间和使用效果。

操作工除了应正确合理地使用数控机床之外，还必须认真、精心地保养数控机床。数控机床在使用过程中，由于程序故障、电气故障、机械磨损或化学腐蚀等原因，不可避免地出现工作不正常现象。例如松动、声响异常等。为了防止磨损过快、防止故障扩大，必须在日常操作中进行保养。

保养的内容主要有清洗、除尘、防腐及调整等工作，为此应供给操作工必要的技术文件（如操作规程、保养事项与指示图表等），配备必要的测量仪表与工具。数控机床上应安装防护、防潮、防腐、防尘、防振、降温装置与过载保护装置，为数控机床正常工作，创造良好的工作条件。

为了加强保养，可以制定各种保养制度，根据不同的生产特点，可以对不同类别的数控机床规定适宜的保养制度。但是，无论制定何种保养制度，均应正确规定各种保养等级的工作范围和内容，尤其应区别“保养”与“修理”的界限。否则容易造成保养与修理的脱节或重复，或者由于范围过宽，内容过多，实际承担了属于修理范围的工作量，难以长期坚持，容易流于形式，而且带来定额管理与计划管理的诸多不便。

一般来说，保养的主要任务是为数控机床创造良好的工作条件。保养作业项目不多，简单易行。保养部位大多在数控机床外表，不必进行解体，可以在不停机，不影响运转的情况下完成，不必专门安排保养时间，每次保养作业所耗物资也很有限。

保养还是一种减少数控机床故障，延缓磨损的保护性措施，但通过保养作业并不能消除数控机床的磨耗损坏，不具有恢复数控机床原有效能的职能。

任务四 ▸▸ 学会数控机床的维修

修理是指为保证数控机床正常、安全地运行，以相同的新的零部件取代旧的零部件或对旧的零部件进行加工、修配的操作，这种操作不应改变数控机床的特性。

一、数控机床的修理种类

数控机床的各种零件到达磨损极限的经历各不相同，无论从技术角度还是从经济角度考虑，都不能只规定一种修理即更换全部磨损零件。但也不能规定过多，影响数控机床有效使用时间，通常将修理划分为三种，即大修、中修、小修。

1. 大修

数控机床大修主要是根据数控机床的基准零件已到磨损极限，电子器件的性能也已经严重下降，而且大多数易损零件也已用到规定时间，数控机床的性能已全面下降。大修时需将数控机床全部解体，一般需将数控机床拆离地基，在专用场所进行。大修包括修理基准件，修复或更换所有磨损或已到期的零件，校正、恢复精度及各项技术性能，喷新油漆。此外，结合加工所需进行必要的改装。

2. 中修

中修与大修不同，不涉及基准零件的修理，主要修复或更换已磨损或已到期的零件，按照验收标准，恢复精度及各项技术性能，只需局部解体，并且在现场就地进行。

3. 小修

小修的主要内容在于更换易损零件，排除故障，调整精度，可能发生局部不太复杂的拆卸工作，在现场就地进行，以保证数控机床正常运转。

上述三种修理的工作范围、内容及工作量各不相同，在组织数控机床修理工作时应予以明确区分。尤其是大修与中、小修，其工作目的与经济性质是完全不同的。中、小修的主要目的在于维持数控机床的现有性能，保持正常运转状态。通过中、小修之后，数控机床原有价值不发生增减变化，属于简单再生产性质。而大修的目的在于恢复原有一切性能。在更换重要部件时，并不都是等价更新，还可能有部分技术改造性质的工作，从而引起数控机床原有价值发生变化，属于扩大再生产性质。因此，大修与小修的款项来源应是不同的。

由上所述可知，在组织数控机床修理时，应将日常保养、检查、大、中、小修加以明确区分。

二、数控机床修理的组织方法

数控机床修理的组织方法对于提高工作效率，保证修理质量，降低修理成本，有着重要的影响，常见的修理方法有以下几种。

1. 换件修理法

即将需要修理的部件拆下来，换上事先准备好的储备部件，此法可降低修理停工时间，保证修理质量，但需要较多的周转部件，需占有较多的流动资金，适于大量同类型数控机床修理的情况。

2. 分部修理法

即将数控机床的各个独立部分一次同时修理，分为若干次，每次修其中某一部分，依次进行。此法可利用节假日修理，减少停工损失，适用于大型复杂的数控机床。

3. 同步修理法

即将相互紧密联系的数台数控机床一次同时修理，适于流水生产线及柔性制造系统（FMS）等。

三、数控机床的修理制度

根据数控机床磨损的规律，“预防为主、养修结合”是数控机床检修工作的正确方针。但是，在实际工作中，由于修理期间除了发生各种维修费用以外，还引起一定的停工损失，尤其在生产繁忙的情况下，往往由于吝惜有限的停工损失而宁愿让数控机床带病工作，不到万不得已时绝不进行修理，这是极其有害的做法。由于对磨损规律的了解不同，对预防为主的方针的认识不同，因而在实践产生了不同的数控机床修理制度，主要有以下几种。

1. 随坏随修

即坏了再修，也称为事后修，事实上是等出了事故后再安排修理，还常常已经造成更大的损坏，有时已到无法修复的程度，即使可以修复，也需要更多的耗费，需要更长的时间，造成更大的损失，应当避免随坏随修的现象。

2. 计划预修

这是一种有计划的、预防性修理制度，其特点是根据磨损规律，对数控机床进行有计划的维护、检查与修理，预防急剧磨损的出现，是一种正确的修理制度。根据执行的严格程度不同，又可分为三种。

第一种是强制修理，即对数控机床的修理日期、修理类别制订合理的计划，到期严格执行计划规定的内容。

第二种是定期修理，预订修理计划以后，结合实际检查结果，调整原订计划确定具体修理日期。

第三种是检查后修理，即按检查计划，根据检查结果制订修理内容和日期。

3. 分类维修

其特点是将数控机床分为 A、B、C 三类。A 为重点数控机床，B 为非重点数控机床，C 为一般数控机床，对 A、B 两类采用计划预修，而对 C 类采取随坏随修的办法。

选取何种修理制度，应根据生产特点、数控机床重要程度，经济得失的权衡，综合分析后确定。但应坚持预防为主的原则，减少随坏随修的现象，也要防止过分修理带来的不必要的损失（过分修理：对可以工作到下一次修理的零件予以强制更换，不必修却予以提前换修）。

四、计划预防修理制度

计划预防修理制度，简称计划预修制。实行计划预修制的主要特点是修理工作的计划性与预防性。在日常保养的基础上，根据磨损规律制订数控机床的修理周期结构，以周期结构为依据编制修理计划，在修理周期结构中了解各种修理的次数与间隔时间。每一次修理都为下一次修理提供数控机床情况并且应保证数控机床正常使用到下一次修理，同时结合保养和检查工作，起到预防的作用，因此计划预修制，是贯彻预防为主的较好的一种修理制度。

1. 修理周期与周期结构

修理周期，是指相邻两次大修之间的时间间隔。对一台机床的修理周期是根据重要零件的平均使用寿命来确定的，不同类型的数控机床，不同的工作班次、不同工作条件，周期也就不同，原则上应根据试验研究及实践经验得出的经验公式计算确定。一般规定：数控机床的修理周期一般为3～8年，个别为9～12年。

修理周期结构就是在一个修理周期内，所包括的各种修理的次数及排列的次序，是编制数控机床修理计划的主要依据。两次修理之间的间隔时间称为修理间隔期，这是修理计划中确定修理周期的根据，不同数控机床，不同的工作班次，以及生产类型、负荷程度、工作条件和日常维护状况等不同，数控机床的修理周期与周期结构也不同，应根据实际情况确定。

2. 修理复杂系数

数控机床的修理复杂系数，是用来表示不同数控机床的修理复杂程度的换算系数，作为计算修理工作量、消耗定额、费用以及各项技术经济指标的基本单位，用R表示。各种机床的复杂系数，是在机床分类的基础上，对每类设备选定一种代表设备，制订出代表设备的复杂系数，然后将其他设备与代表设备进行比较加以确定。

代表设备的复杂系数是根据其结构复杂情况，工艺复杂情况以及修理劳动量大小等方面，综合分析选定的。如规定数控机床以XK8140（FUNNC 0MA）数控铣床为代表产品，将它的复杂系数定为33，即为33R。电气设备以1kW笼式感应电动机为代表产品，其复杂系数定为1，即1R。其他各项设备的复杂系数，见有关行业规定。

3. 数控机床修理计划的内容

数控机床修理计划包括以下内容。

（1）确定计划期内的数控机床修理的类别、日期与停机时间，计划修理工作量及材料、配件消耗的品名及数量，编制费用预算等。

（2）根据数控机床修理的类别，周期结构与下一次修理的种类，确定本次应为何种修理。

（3）由上一次修理时间确定本次修理的日期，根据数控机床修理复杂系数的劳动量定额、材料消耗定额及费用定额，计算出各项计划指标。

（4）计划年度需要的各种数控机床修理的劳动量总和，即为全年修理总工作量。

（5）将总工作量除以全年工作日数与每人每天工作小时数，考虑出勤率的影响以后，即可求得完成计划任务所需工人数。

任务五 掌握数控机床故障维修的原则

一、先外部后内部

数控机床是机械、液压、电气一体化的机床，故其故障的发生必然要从机械、液压、电气这三者综合反映出来。数控机床的检修要求维修人员掌握先外部后内部的原则。即当数控机床发生故障后，维修人员应先采用望、闻、听、问等方法，由外向内逐一进行检查，比如数控机床的行程开关、按钮开关、液压气动元件以及印制电路板、边缘插接件与外部或相互之间的连接部位、电控柜插件或端子排等和机电设备之间的连接部位，因其接触不良造成信号传递失灵。此外，由于工业环境中温度、湿度变化较大，油污或粉尘对元件及电路板的污染，机械的振动等，对于信号传送通道的插接件都将产生严重影响。在检修中重视这些因素，首先检查这些部位就可以迅速排除较多的故障。另外，尽量避免随意启封、拆卸，不适当的大拆大卸，往往会扩大故障，使机床丧失精度，降低性能。

二、先机械后电气

由于数控机床是一种自动化程度高、技术复杂的先进机械加工设备。机械故障一般较易察觉，而数控系统故障的诊断则难度要大些。先机械后电气就是首先检查机械部分是否正常，行程开关是否灵活，气动、液压部分是否存在阻塞现象等。因为数控机床的故障中有很大部分是由机械动作失灵引起的。所以，在故障检修之前，首先注意排除机械性的故障，往往可以达到事半功倍的效果。

三、先静后动

维修人员本身要做到先静后动，不可盲目动手，应先询问机床操作人员故障发生的过程及状态，阅读机床说明书、图样资料后，方可动手查找处理故障。其次，对有故障的机床也要本着先静后动的原则，先在机床断电的静止状态，通过观察测试、分析，确认为非恶性循环性故障，或非破坏性故障后，方可给机床通电，在运行工况下，进行动态观察、检验和测试，查找故障；然而对恶性的破坏性故障，必须先行处理排除危险后，方可通电，在运行工况下进行动态诊断。

四、先公用后专用

公用性的问题往往影响全局，而专用性的问题只影响局部。如机床的几个进给轴都不能运动，这时应先检查和排除各轴公用的CNC、PLC、电源、液压等公用部分的故障，然后再设法排除某轴的局部问题。又如电网或主电源故障是全局性的，因此一般应首先检查电源部分，看看断路器或熔断器是否正常，直流电压输出是否正常。总之，只有先解决影响一大片的主要矛盾，局部的、次要的矛盾才有可能迎刃而解。

五、先简单后复杂

当出现多种故障互相交织掩盖、一时无从下手时，应先解决容易的问题，后解决较难的问题。常常在解决简单故障的过程中，难度大的问题也可能变得容易，或者在排除容易故障时受到启发，对复杂故障的认识更为清晰，从而也有了解决办法。

六、先一般后特殊

在排除某一故障时，要先考虑最常见的可能原因，然后再分析很少发生的特殊原因。例如：一台FANUC系统数控车床Z轴回零不准，常常是由于减速挡块位置走动所造成，一旦出现这一故障，应先检查该挡块位置，在排除这一常见的可能性之后，再检查脉冲编码器、位置控制等环节。

任务六 ▶▶ 了解对维修人员的素质要求

一、人员素质的要求

数控设备是技术密集型和知识密集型的机电一体化产品，技术先进、结构复杂、价格昂贵，在生产上往往起着关键作用，因此对维修人员有较高的要求。维修工作做得好坏，首先取决于维修人员的素质。为了迅速、准确判断出故障原因，并进行及时、有效处理，恢复机床的动作、功能和精度，要求维修人员应具备以下基本素质。

1. 专业知识面广

由于数控机床通常是集机械、电气、液压、气动等于一体的加工设备，组成机床的各部分之间具有密切的联系，其中任何一部分发生故障均会影响其他部分的正常工作。数控机床维修的第一步是要根据故障现象，尽快判别故障的真正原因与故障部位，这一点既是维修人员必须具备的素质，同时又对维修人员提出了很高的要求。它要求数控机床维修人员不仅仅要掌握机械、电气两个专业的基础知识和基础理论，而且还应该熟悉机床的结构与设计思想，熟悉数控系统的性能。具体地说，就是要求维修人员具有中专以上文化程度，掌握或了解计算机原理、电子技术、电工原理、自动控制与电力拖动、检测技术、液压和气动技术、机械传动及机加工工艺等方面的基础知识。维修人员还必须经过数控技术方面的专门学习和培训，掌握数字控制、伺服驱动及PLC的工作原理，懂得NC和PLC编程。此外，在维修时为了对某些电路与零件进行现场测绘，维修人员还应当具备一定的工程制图能力。

2. 勤于思考

对数控维修人员来说，胆大心细，既敢于动手，又细心有条理是非常重要的。只有敢于动手，才能深入理解系统原理、故障机理，才能一步步缩小故障范围、找到故障原因。所谓细心，就是在动手检修时，要先熟悉情况、后动手，不盲目蛮干；在动手的过程中要稳、要准。数控维修人员必须“多动脑，慎动手”。数控机床的结构复杂，各部分之间的联系紧密，故障涉及面广，而且在有些场合，故障所反映出的现象不一定是产生故障的根本原因。维修人员必须从机床的故障现象分析故障产生的过程，针对各种可能产生的原因由表及里，迅速找出发生故障的根本原因并予以排除。

3. 重视经验积累

数控机床的维修速度在很大程度上要依靠平时的经验积累，维修人员遇到过的问题、解决过的故障越多，其维修经验也就越丰富。

当前数控技术正随着计算机技术的迅速发展而发展，通用计算机上使用的硬件、软件如软盘、硬盘、人机对话系统等越来越广泛地应用于新的数控系统，与传统的数控系统的差别日益增大，即使对于经验丰富的老维修人员来说，也有不断学习的要求。数控系统的型号多、更新快，不同制造厂家，不同型号的系统往往差别很大。一个能熟练维修 FANUC 数控系统的人不见得会熟练排除 SIEMENS 系统所发生的故障，其原因就在于此。

数控机床虽然种类繁多，系统各异，但其基本的工作过程与原理却是相同的。因此，维修人员在解决了某故障以后，应对维修过程及处理方法进行及时总结、归纳，形成书面记录，以供今后维修同类故障时参考。特别是对于自己平时难以解决，最终由同行技术人员或专家维修解决的问题，尤其应该细心观察，认真记录，以便迅速提高。如此日积月累，以达到提高自身水平与素质的目的。

4. 善于学习

作为数控机床维修人员不仅要注重分析与积累，还应当勤于学习、善于学习，对数控系统有深入的了解。数控机床，尤其是数控系统，其说明书内容通常都较多，有操作、编程、连接、安装调试、维修手册、功能说明、PLC 编程等。这些手册、资料少则数十万字，多则上百万字，要全面掌握数控系统的全部内容绝非一日之功。而在实际维修时，通常也不可能有太多的时间对说明书进行全面、系统的学习。

因此，作为维修人员要想了解机床、系统的结构那样全面了解系统说明书的结构、内容和范围，并能根据实际需要，精读某些与维修有关的重点章节，理清思路、把握重点、边干边学。

5. 具有专业英语阅读能力

虽然目前国内生产数控机床的厂家已经日益增多，但数控机床的关键部分——数控系统还主要依靠进口，其配套的说明书、资料往往使用英语；数控系统的操作面板、数控系统的报警文本显示以及随机技术手册也大都用英语表示，不懂英语就无法阅读这些重要的技术资料，无法通过人机对话来操作数控系统，甚至不认识报警提示的含义。对照英语查字典翻译资料，虽可解决一些问题，但会增加停机修理时间。为了能迅速根据说明书所提供的信息与系统的报警提示，确认故障原因，加快维修进程，故要求具备专业英语的阅读能力，以便分析、处理问题。

6. 能熟练操作机床和使用维修仪器

数控维修人员需要有一个善于分析问题的头脑。数控系统故障现象千奇百怪，各不相同，其起因往往不是显而易见的，它涉及电、机、液、气各种技术。而在维修过程中，维修人员通常要进入特殊操作方式，如进行机床参数的设定与调整，通过计算机联机调试，利用PLC编程器监控等。此外，为了分析判断故障原因，在维修过程中往往还需要编制相应的加工程序，对机床进行必要的运行试验与工件的试切削。因此，从某种意义上说，一个高水平的维修人员，其操作机床的水平应比一般操作人员更高。

7. 有较强的动手能力和实验能力

数控系统的修理离不开实际操作，维修人员应会动手对数控系统进行操作，查看报警信息，检查、修改参数，调用自诊断功能，进行PLC接口检查；应会编制简单的典型加工程序，对机床进行手动和试运行操作；应会使用维修所必需的工具、仪表和仪器。但是，对于维修数控机床这样精密、关键设备，动手必须有明确的目的、完整的思路、细致的操作。动手前应仔细思考、观察，找准入手点。在动手过程中更要做好记录，尤其是对于电气元器件的安装位置、导线号、机床参数、调整值等都必须做好明显的标记，以便恢复。维修完成后，应做好收尾工作，如将机床、系统的罩壳、紧固件安装到位；将电线、电缆整理整齐等。在系统维修时应特别注意：数控系统中的某些模块是需要用电池保持参数的，对于这些模块切忌随便插拔；更不可以在不了解元器件的作用的情况下随意调换数控系统、伺服驱动等部件中的元器件、设定端子；任意调整电位器的位置，任意改变设定参数。

二、技术资料和技术准备

维修人员应在平时认真整理和阅读有关数控系统的重要技术资料。维修工作做得好坏，排除故障的速度快慢，主要决定于维修人员对数控系统的熟悉程度和运用技术资料的熟练程度。进行数控维修时所必需的技术资料和技术准备如下。

1. 数控装置部分

应有数控装置安装、连接使用（包括编程）、操作和维修方面的技术说明书，其中包括数控装置操作面板布置及其操作，装置内各电路板的技术要点及其外部连接图，系统参数的意义及其设定，装置的自诊断功能和报警的显示及处理方法，数控装置接口的分配及其含义和系统的连接图等。通过上述资料，维修人员应掌握CNC原理框图、结构布置和各电路板的作用，操作面板上各发光管的意义；通过操作面板对系统进行各种操作，进行自诊断检测，检查和修改参数并能做出备份；能熟练地通过报警信息确定故障范围，对系统供维修的检测点进行测试，会使用随机的系统诊断纸带对其进行诊断测试。

2. PLC装置部分

应有PLC装置及其编程器的连接、编程、操作方面的技术说明书，还应包括PLC用户程序清单或梯形图、I/O地址及意义清单，报警文本以及PLC的外部连接图。PLC程序中包含了机床动作的执行过程，以及执行动作所需的条件，它表明了指令信号、检测元件与执行元件之间的全部逻辑关系。借助PLC程序，维修人员可以迅速找出故障原因，它是数控机床维修过程中使用最多、最重要的资料。维修人员应熟悉PLC编程语言，能看懂用户程序或梯形图，会操作PLC编程器，通过编程器或CNC操作面板（对内装式PLC）对PLC进行监控，有时还需对PLC程序进行某些修改。还应熟练地通过PLC报警号检查PLC有关的程序和I/O连接电路，确定故障的原因。

在某些系统（如FANUC系统、SIEMENS802D、华中数控的华中Ⅰ型和世纪星系列等）中，利用数控系统的显示器可以直接对PLC程序进行动态检测和观察，这为维修提供了极大的便利，因此，在维修中一定要熟练掌握这方面的操作和使用技能。

3. 伺服单元

应有进给和主轴伺服单元原理、连接、调整和维修方面的技术说明书，其中包括伺服单元的电气原理框图和接线图，主要故障的报警显示，重要的调整点和测试点，伺服单元参数的意义和设置。维修人员应掌握伺服单元的原理，熟悉其连接，能从单元板上故障指示发光管的状态和显示屏显示的报警号及时确定故障范围，能测试关键点的波形和状态，并做出比较，能检查和调整伺服参数，对伺服系统进行优化。

4. 机床部分

有机床安装、使用、操作和维修方面的技术说明书，其中包括机床的操作面板布置及其操作，机床电气原理图、布置图以及接线图。对维修人员来说，还需要机床的液压回路图和气动回路图。维修人员应了解机床的结构和动作，熟悉机床上电气元器件的作用和位置，会手动操作机床，编简单的加工程序并进行试运行。

5. 机床主要配套功能部件的说明书与资料

在数控机床上往往会使用较多功能部件如数控转台、自动换刀装置、润滑与冷却系统以及排屑器等。这些功能部件，其生产厂家一般都提供了较完整的使用说明书。

还有有关元器件方面的技术资料，如数控设备所用的元器件清单、备件清单以及各种通用的元器件手册。维修人员应熟悉各种常用的元器件，一旦需要，能较快地查阅有关元器件的功能、参数及代用型号。对一些专用元器件可查出其生产厂家及订货编号。

三、技术准备

1. 数据备份

做好数据和程序的备份十分重要。除前面所述的系统参数、PLC程序、报警文本需要备份外，还要备份机床必须使用的宏指令程序、典型的零件程序、系统的功能检查程序等。对于一些装有硬盘驱动器的数控系统，应有硬盘文件的备份。维修人员应了解这些备份的内容，能对数控系统进行输入和输出的操作。

2. 现场测绘

以上都是在理想情况下应具备的技术资料，但是实际维修时往往难以做到这一点。因此在必要时，维修人员应通过现场测绘、平时积累等方法完善、整理有关技术资料。有些维修所必需的电路图往往需要通过对实物测绘才能得到，如光栅尺测量头的原理图，主开关电源的原理图。这要求维修人员具有工程制图的能力，平时做好维修所必需的重要技术资料的准备工作。

3. 故障维修记录

故障维修记录是一份十分有用的技术资料。维修人员在完成故障排除之后，应认真做好记录，将故障现象、诊断、分析、排除方法一一加以记录。在排除新的故障之前应考虑这种故障以前发生过没有，当时是如何解决的，这常常会给以后的维修工作带来方便。维修人员应对自己所进行的每一步维修都进行详细的记录，不管当时的判断是否正确。这样不仅有助于今后进一步维修，而且也有助于维修人员的经验总结与水平的提高。

任务七 ▶▶ 掌握数控机床故障的检修

一、现场故障诊断

现场故障诊断是对数控机床所出现的故障进行诊断，找到故障产生的原因，确认故障部位，想办法排除故障，或是更换备件，或是修改参数，从而恢复数控机床功能，使其正确运行的工作过程。数控机床出现了故障，应该认真地进行由表及里的分析，确定故障部位。数控机床的故障初步判别框图如图 2-1 所示。

设备维修完毕之后，维修人员应向操作者详细说明故障产生的原因及其危害，并就产生的故障向操作者讲述在数控机床使用过程中应注意的事项，使操作者能正确地处理简单的故障，并在重大故障发生时妥善保护好现场，正确及时地向维修人员提供与故障有关的信息，协助维修人员进行故障诊断。

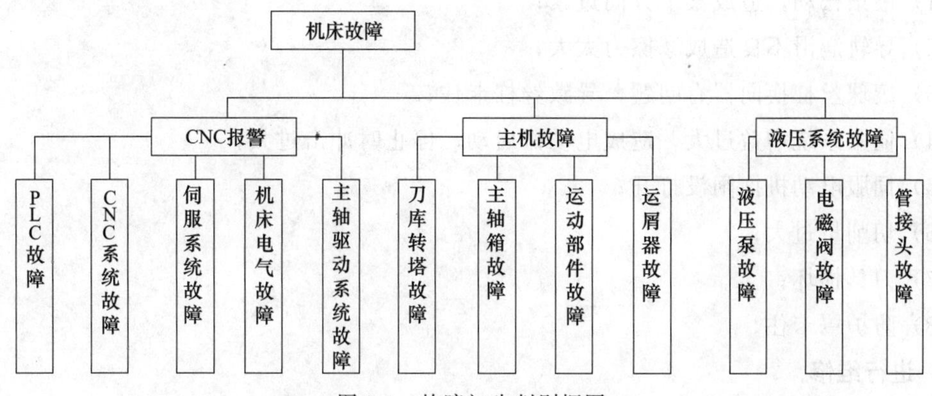

图 2-1　故障初步判别框图

二、数控机床检修的步骤

1. 调查故障现场

（1）机床在什么情况下出现的故障：

① 是否是机床在正常运行时突然出现故障；

② 是否是电源网络瞬间断电后产生故障；

③ 是否是大容量设备的启动造成故障；

④ 是否在手动操作过程中产生故障；

⑤ 故障产生时有什么外观现象；

⑥ 是否有撞击声音；

⑦ 是否有电弧闪光现象；

⑧ 是否有特殊气味。

（2）故障产生后操作者采取过哪些措施：

① 是否按过急停按钮；

② 是否按过复位按钮；

③ 是否移动过运动部件；

④ 是否断开机床总电源。

（3）现场维修之前，一定要注意听取以前维修人员都做了哪些方面的试验、哪些方面的维修，在听的过程中，要确定他们哪些是对的，哪些还不能下结论。

2. 掌握故障信息

（1）有CNC系统的原因；

（2）有机械的原因；

（3）有机床电气系统的原因；

（4）有伺服方面的原因。

在大的方面的原因确定下以后，还要缩小故障范围，比如造成伺服报警的原因有以下几种：

（1）镶条松动，造成某个方向过紧；

（2）导轨润滑不良造成摩擦力太大；

（3）滚珠丝杠换向器有问题，导致丝杠卡住；

（4）伺服系统增益过大，造成电动机启动、停止时冲击过大；

（5）伺服电动机抱闸没打开；

（6）切削量过大；

（7）刀具损坏；

（8）防护罩卡住。

3. 进行维修

在采取措施之前一定要注意以下几点：

（1）一定要认真阅读资料，弄清楚设备的主系统规格型号，伺服系统的规格型号。

（2）要求操作人员配合，并要通过操作人员来进一步了解机床情况。

（3）观察及触摸印制电路板上的器件，摇晃各个插头插座，各个电缆，各个印制电路板，特别注意不要带电插拔印制电路板。对于有场效应电子器件的，要防止静电击穿，不要去触摸它。

（4）必要的部分，在没有图样情况下要进行测绘，以便分析清楚它的工作原理。

项目三

数控机床装配的基础知识

学习目标

掌握滚动轴承的装配；
了解装配的工艺过程和常用拆装工具、量具的认识与操作要点；
学会圆柱孔滚动轴承、滚珠丝杠副的装配方法和设备拆卸工作方法。

任务一 装配的工艺过程认知

产品的装配工艺包括以下四个过程。

一、准备工作

准备工作应当在正式装配之前完成。准备工作包括资料的阅读和装配工具与设备的准备等。充分的准备可以避免装配时出错，缩短装配时间，有利于提高装配的质量和效率。

准备工作包括下列几个步骤：

（1）熟悉产品装配图、工艺文件和技术要求，了解产品的结构、零件的作用以及相互连接关系；

（2）检查装配用的资料与零件是否齐全；

（3）确定正确的装配方法和顺序；

（4）准备装配所需要的工具与设备；

（5）整理装配的工作场地，对装配的零件、工具进行清洗，去掉零件上的毛刺、铁锈、切屑、油污，归类并放置好装配用零部件，调整好装配平台基准；

（6）采取安全措施。各项准备工作的具体内容与装配任务有关。

二、装配工作

在装配准备工作完成之后，才开始进行正式装配。结构复杂的产品，其装配工作一般分为部件装配和总装配。

（1）部件装配指产品在进入总装配以前的装配工作。凡是将两个以上的零件组合在一起或将零件与几个组件结合在一起，成为一个装配单元的工作，均称为部件装配。

（2）总装配指将零件和部件组装成一台完整产品的过程。在装配工作中需要注意的是，一定要先检查零件的尺寸是否符合图样的尺寸精度要求，只有合格的零件才能运用连接、校准、防松等技术进行装配。

三、调整、精度检验

（1）调整工作是指调节零件或机构的相互位置、配合间隙、结合程度等，目的是使机构或机器工作协调。如轴承间隙、镶条位置、蜗轮轴向位置的调整。

（2）精度检验包括几何精度和工作精度检验等，以保证满足设计要求或产品说明书的要求。

四、试车

试车是试验机构或机器运转的灵活性、振动、工作温升、噪声、转速、功率等性能是否符合要求。

任务二 ▸▸ 滚动轴承的装配

一、滚动轴承装配前的准备工作

滚动轴承是一种精密部件，认真做好装配前的准备工作，对保证装配质量和提高装配效率是十分重要的。

1. 轴承装配前的检查与防护措施

（1）按图样要求检查与滚动轴承相配的零件，如轴颈、箱体孔、端盖等表面的尺寸是否符合图样要求，是否有凹陷、毛刺、锈蚀和固体微粒等。并用汽油或煤油清洗，仔细擦净，然后涂上一层薄薄的油。

（2）检查密封件并更换损坏的密封件，对于橡胶密封圈则每次拆卸时都必须更换。

（3）在滚动轴承装配操作开始前，才能将新的滚动轴承从包装盒中取出，必须尽可能使它们不受灰尘污染。

（4）检查滚动轴承型号与图样是否一致，并清洗滚动轴承。如滚动轴承是用防锈油封存的，可用汽油或煤油擦洗滚动轴承内孔和外圈表面，并用软布擦净；对于用厚油和防锈油脂封存的大型轴承，则需在装配前采用加热清洗的方法清洗。

（5）装配环境中不得有金属微粒、锯屑、沙子等。最好在无尘室中装配滚动轴承。如果不可能的话，则用东西遮盖住所装配的设备，以保护滚动轴承免于周围灰尘的污染。

2. 滚动轴承的清洗

使用过的滚动轴承，必须在装配前进行彻底清洗，而对于两端面带防尘盖、密封圈或涂有防锈和润滑两用油脂的滚动轴承，则不需进行清洗。但对于已损坏、很脏或塞满碳化的油脂的滚动轴承，一般不再值得清洗，直接更换一个新的滚动轴承则更为经济与安全。

二、滚动轴承的清洗方法

滚动轴承的清洗方法有两种：常温清洗和加热清洗。

1. 常温清洗

常温清洗是用汽油、煤油等油性溶剂清洗滚动轴承。清洗时要使用干净的清洗剂和工具，首先在一个大容器中进行清洗，然后在另一个容器中进行漂洗。干燥后立即用油脂或油涂抹滚动轴承，并采取保护措施防止灰尘污染滚动轴承。

2. 加热清洗

清洗使用的清洗剂是闪点至少为250℃的轻质矿物油。清洗时，油必须加热至约120℃。把滚动轴承浸入油内，待防锈油脂溶化后即从油中取出，冷却后再用汽油或煤油清洗，擦净后涂油待用。加热清洗方法效果很好，且保留在滚动轴承内的油能起到保护滚动轴承和防止腐蚀的作用。

任务三 ▸▸ 圆柱孔滚动轴承的装配方法认知

滚动轴承装配方法应根据滚动轴承装配方式、尺寸大小及滚动轴承的配合性质来确定。

一、滚动轴承的装配方式

根据滚动轴承与轴颈的结构，通常有四种滚动轴承的装配方式。

（1）滚动轴承直接装在圆柱轴颈上，如图 3-1（a）所示，这是圆柱孔滚动轴承的常见装配方式。

（2）滚动轴承直接装在圆锥轴颈上，如图 3-1（b）所示，这类装配形式适用于轴颈和轴承孔均为圆锥形的场合。

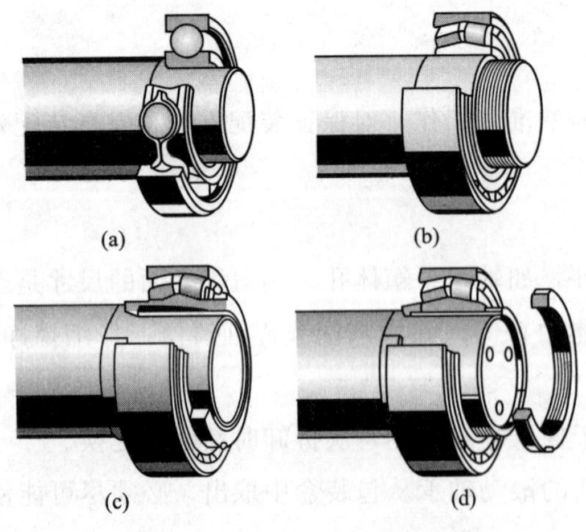

图 3-1 滚动轴承的装配方式

（3）滚动轴承装在紧定套上，如图3-1（c）所示。

（4）滚动轴承装在退卸套上，如图 3-1（d）所示。

后两种装配形式适用于滚动轴承为圆锥孔，而轴颈为圆柱孔的场合。

二、圆柱孔滚动轴承的拆卸方法

对于拆卸后还要重复使用的滚动轴承，拆卸时不能损坏滚动轴承的配合面，不能将拆卸的作用力加载滚动体上，要将力作用在紧配合的套圈上。为了使拆卸后的滚动轴承能够按照原先的位置和方向装配，拆卸时要做好标记。

拆卸圆柱孔滚动轴承的方法有四种：机械拆卸法、液压法、压油法、温差法。

机械拆卸法适用于具有紧（过盈）配合的小滚动轴承和中等滚动轴承的拆卸，拆卸工具为拉出器，也称拉马。

图 3-2　拉马作用于滚动轴承内圈和通过旋转拉马进行拆卸

将滚动轴承从轴上拆卸时，拉马的爪应作用于滚动轴承的内圈，使拆卸力直接作用在滚动轴承内圈上。为了使滚动轴承不致损坏，在拆卸时应固定扳手并旋转整个拉马，以旋转滚动轴承的外圈（图 3-2），从而保证拆卸力不会作用于同一点上。

三、滚动轴承的润滑

在滚动轴承安装时，通常在滚动轴承内加注润滑脂以进行润滑，且滚动轴承两边需留有一定的空间以容纳从滚动轴承中飞溅出来的油脂。有时为了密封的需要，也在滚动轴承的两边空间中加注润滑脂，但只能充填其空间的一半。如果填入的油脂太多，将会由于温度的升高而使润滑脂过早地失去作用。

四、装配步骤

1. 壳体分组件的安装

（1）首先检查所有锐边是否存在毛刺，若有毛刺，应立即去除。

（2）用润滑脂润滑滚动轴承。

（3）安装套筒和圆柱滚子轴承外圈。

（4）用孔用弹性挡圈固定轴承外圈。

2. 轴分组件的安装

（1）将圆柱滚子轴承内圈压入轴上，用 0.03mm 的塞尺检查其是否与轴肩接触；

（2）将深沟球轴承压入轴上，并检查其与轴肩是否接触，方法同上；

（3）分别用轴用弹性挡圈固定两轴承。

任务四 ▶▶ 滚珠丝杠副的装配

滚珠丝杠副就是在具有螺旋槽的丝杠和螺母之间，连续填装滚珠作为滚动体的螺旋传动。当丝杠或螺母转动时，滚动体在螺纹滚道内滚动，使丝杠和螺母作相对运动时成为滚动摩擦，并将旋转运动转化为直线往复运动。滚珠丝杠副由于具有高效增力、传动轻快敏捷、“0”间隙高刚度、提速的经济性、运动的同步性、可逆性、对环境的适应性和位移十分精确等多种功能，使它在众多线性驱动元、部件中脱颖而出，在节能和环保时代更凸显其功能的优势。在机床功能部件中它是产品标准化、生产集约化、专业化程度很高的功能部件，其产品应用几乎覆盖了制造业的各个领域。

一、滚珠丝杠副的结构

滚珠丝杠副包含有两个主要部件：螺母和丝杠。螺母主要由螺母体和循环滚珠组成，多数螺母（或丝杠）上有滚动体的循环通道，与螺纹滚道形成循环回路，使滚动体在螺纹滚道内循环，如图 3-3 所示。丝杠是一种直线度非常高的、其上有螺旋形槽的螺纹轴，槽的形状是半圆形的，所以滚珠可以安装在里面并沿其滚动。丝杠的表面经过淬火后，再进行磨削加工。

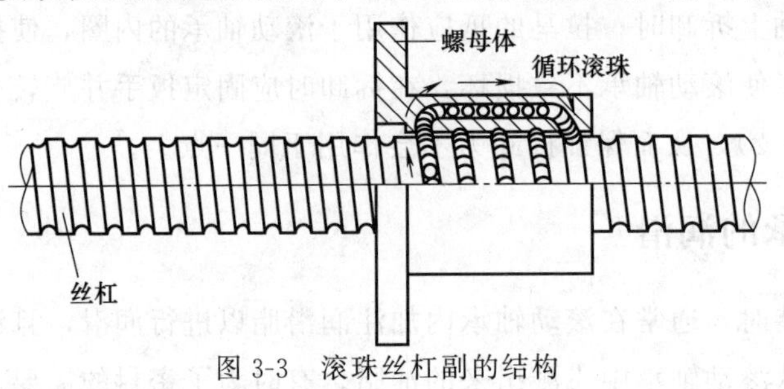

图 3-3 滚珠丝杠副的结构

二、滚珠丝杠副的工作原理

滚珠丝杠副的工作原理和螺母与螺杆之间传动的工作原理基本相同。当丝杠能旋转而螺母不能旋转时，旋转丝杠，螺母便进行直线移动，而与螺母相连的滑板也作直线往复运动。

循环滚珠位于丝杠和螺母合起来形成的圆形截面滚道上。如图 3-4 所示。

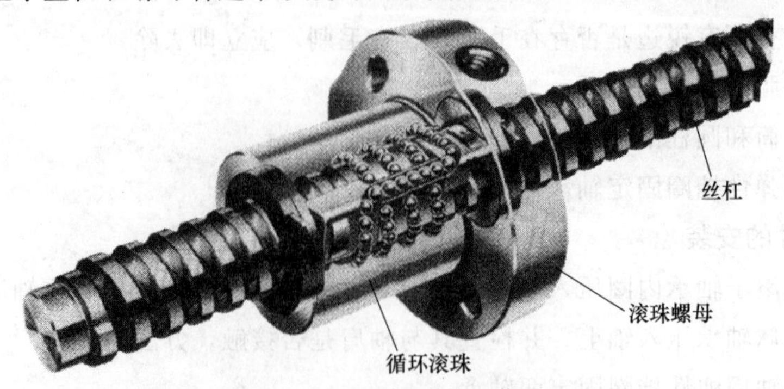

图 3-4 滚珠丝杠副的工作原理

三、循环滚珠

丝杠旋转时，滚珠沿着螺旋槽向前滚动。由于滚珠的滚动，它们便从螺母的一端移到另一端。为了防止滚珠从螺母中跑出来或卡在螺母内，采用导向装置将滚珠导入返回滚道，然后再进入工作滚道中，如此循环反复，使滚珠形成一个闭合循环回路。滚珠从螺母的一端到另一端，并返回滚道的运动又称作“循环运动”。

四、滚珠丝杠副的应用

滚珠丝杠副应用范围比较广，常用于需要精确定位的机器中。滚珠丝杠副应用范围包括：机器人、数控机床、传送装置、飞机的零部件（如副翼）、医疗器械和印刷机械（如胶印机），等等。

滚珠丝杠副的优点是传动精度高，运动形式的转换十分平稳，基本上不需要保养。

滚珠丝杠副的缺点是价格比较贵，只有专业工厂才能生产。当螺母旋出时，滚珠会从螺母中跑出来。为了防止在拆卸时滚珠跑出来，可以在螺母两端装塑料塞，用预紧力来消除间隙。此时需要安装两个滚珠丝杠螺母和一个垫片，如图 3-5 所示。

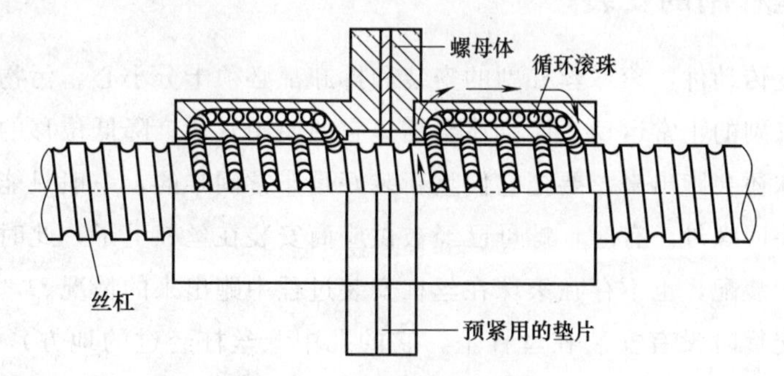

图 3-5 滚珠丝杠副的预紧

垫片可以把两个滚珠螺母分隔开。这样，通过调整垫片的厚度，滚珠就被压到了滚道的外侧，滚珠与滚道之间的间隙便消除了，如图 3-6 所示。

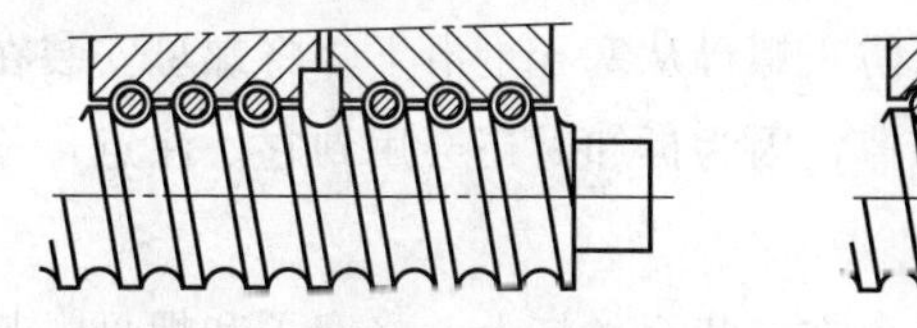

(a) 没有预紧时，螺母和丝杠之间存在间隙

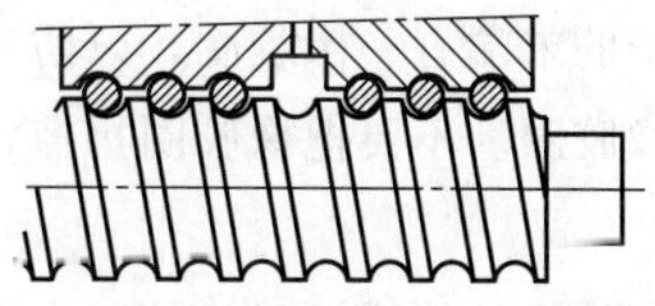

(b) 预紧后螺母和丝杠之间没有间隙

图 3-6 滚珠丝杠副预紧前后间隙的变化

五、丝杠的受力情况

滚珠螺母不能承受径向力，它只能承受轴向的压力（沿丝杠轴的方向）。丝杠径向受力时，很容易变形，从而影响到位移的精度。

六、滚珠丝杠副的润滑

滚珠丝杠副的正常运行需要很好的润滑。润滑的方法与滚珠轴承相同，既可以使用润滑油，也可以使用润滑脂。由于滚珠螺母作直线往复运动，丝杠上润滑剂的流失要比滚珠轴承严重（特别是使用润滑油的时候）。

1. 润滑油

使用润滑油时，温度很重要。温度越高，油液就越稀（黏度变小）。高速运行时，滚珠丝杠副温升非常小。因此，油的黏度变化不大。但是，润滑油仍然会流失，故一定要安装加油装置。

2. 润滑脂

使用润滑脂时，添加润滑剂的次数可以减少（因为流失的量比较小）。润滑脂的添加次数与滚珠丝杠的工作状态有关，一般每500～1000h添加一次润滑脂。可以安装加油装置，但并不是必需的。不能使用含石墨或MoS_2（粒状）的润滑脂，因为这些物质会给设备带来磨损或擦伤。

七、滚珠丝杠副的安装

由于是高精度传动件，滚珠丝杠副的安装和拆卸都必须十分小心。污物和任何损伤都会严重影响滚珠丝杠副的正常运动，而且还会缩短它的使用寿命，降低位移的精度。如果安装或拆卸不当，滚珠还会跑出来，要把它们重新装好是非常困难的，一般只能送到制造厂家利用专门工具将其装回螺母。有时，螺母已经被供应商安装在丝杠上了，此时，不需要装配技术人员进行螺母的装配，也不存在滚珠在丝杠安装过程中跑出来的情况。

如果螺母在交货时没有安装在丝杠上，它的孔中（丝杠经过的地方）会装有一个安装塞。这个塞子可以防止滚珠跑出来。将螺母安装在丝杠上时，这个塞子会在丝杠轴颈上滑动。当螺母装至丝杠上而塞子会渐渐退出，螺母就可以旋在丝杠上了。当然，将螺母从丝杠上拆卸下来时，也需要这样的安装塞子。

螺母的具体安装与拆卸步骤如下：

（1）在塞子的末端有一橡胶圈，以防止螺母从塞子上滑下。将螺母安装在丝杠上时，首先要卸下这个橡胶圈。不要把橡胶圈扔掉，因为拆卸时还会用到它。注意：不要让螺母从塞子上滑下。

（2）安装塞的设计使螺母只能从一个方向装至丝杠上。将塞子和螺母一起滑装到丝杠轴颈上，轻轻地按压螺母直到其到达丝杠的退刀槽处，无法再向前移动为止。

（3）慢慢地、仔细地将螺母旋在丝杠上，并始终轻轻按压螺母，直到它完全旋在丝杠上为止。

（4）当螺母旋上丝杠，安装塞仍然套在轴颈上时，就可以将安装塞卸下来了。但不要把塞子扔掉，塞子应当和橡胶圈保存在一起，因为拆卸时还要用到这些附件。

（5）螺母的拆卸方法与上面的步骤正好相反。首先将塞子滑装到丝杠轴颈上，然后旋转螺母至塞子上，再把它们一起卸下来。螺母卸下来以后，应当重新装上橡胶圈。

任务五 设备拆卸工作方法认识

在日常的装配活动中，装配技术人员也会时常涉及拆卸工作。因此，深入认识这种相对装配为“反向”的工作方式是很重要的，因为拆卸与装配有着不同的工作途径和思考方式，还需要有专用的拆卸工具和设备。在拆卸中，若考虑不当，就会造成设备的零部件的损坏，甚至使整台设备的精度、性能降低。拆卸的目的就是要拆下装配好的零部件，重新获得单独的组件或零件。

一、拆卸的目的

（1）定期检修，为的是防止机器出现故障。例如，定期检查机器的运行和磨损情况，或根据计划来更换零件。

（2）故障检修，为的是查出故障并排除它们。例如，修理和更换零件。

（3）设备搬迁，为将设备搬至另一工位或另一车间而进行的拆卸，以方便机器和设备的运输。这里，机器或设备会被部分拆卸下来，运到其他地方再装配起来。

二、设备拆卸的工艺过程

除了拆卸的原因，拆卸步骤还要由机器或设备的结构来决定。拆卸步骤可分为两个阶段，分别称为准备阶段和实施阶段。将拆卸步骤分为两阶段目的是为了区分出完成拆卸工作所必需的各种操作方法。

1. 拆卸准备阶段

主要是使得拆卸步骤能充分可靠地进行下去，它包括以下的工作：

（1）阅读装配图、拆卸指导书等。

（2）分析和确定所拆卸设备的工作原理和各部件的功能。

（3）如有所需，查出故障的原因。

（4）明确拆卸顺序及所拆零部件的拆卸方法。

（5）检查所需要的工具、设备和装置。

（6）如有要求，应注意按拆卸顺序在所拆部件上做记号的方法。

（7）留意清洗部件的方法。

（8）画出设备装配草图。

（9）整理、安排好工作场地。

（10）做好安全措施。

2. 拆卸实施阶段

步骤是依据具体的拆卸顺序、拆卸说明和规定来进行的。其工作包括：

（1）将设备拆卸成组件和零件。

（2）在零部件上做记号、划线。

（3）清洗零部件。

（4）检查零部件。

任务六 ▶▶ 常用拆装工具与操作要点认知

机床拆装常用的拆装工具有扳手、螺钉旋具、手钳、手锤、铜棒、撬杠、卸销工具、吊装工具等。下面将部分工具分别进行介绍。

一、扳手

机床拆装常用的扳手有内六角扳手、套筒扳手、活扳手等。

1. 内六角扳手

（1）用途　专门用于拆装标准内六角螺钉。

（2）规格　GB/T 5356—1998。

（3）操作要点　常用的几种内六角扳手（图 3-7）与内六角螺钉配合应牢记，最好能做到有目测的能力，一看就知。如 2.5 配 M3、3 配 M4、4 配 M5、6 配 M8、8 配 M10、10 配 M12、12 配 M14、14 配 M16、17 配 M20、19 配 M24、22 配 M30 等。

另外，还有一种内六角扳手，柄部与内六角扳手相似，是拆卸内六角花形螺纹的专用工具。

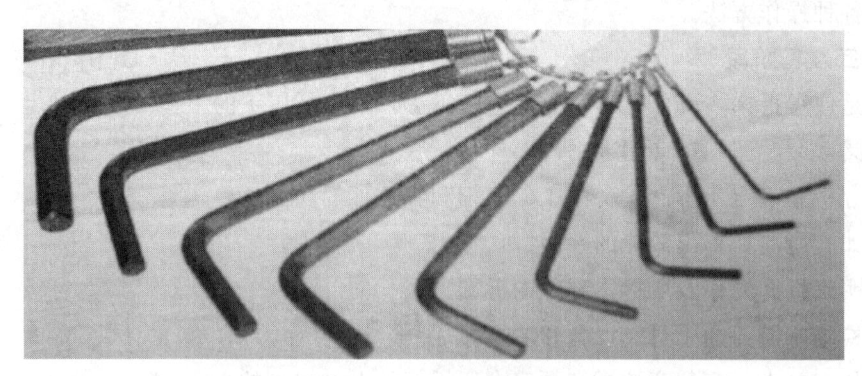

图 3-7　内六角扳手

2. 套筒扳手

套筒扳手（图 3-8）的套筒头规格以螺母或螺栓的六角头对边距离来表示，分手动和机动（气动、电动）两种类型。手动套筒工具应用较广泛，一般以成套（盒）形式供应，也可以单件形式供应，由各种套筒（头）、传动附件和连接件组成，除具有一般扳手拆装六角头螺母、螺栓的功能外，特别适用于空间狭小、位置深凹的工作场合。

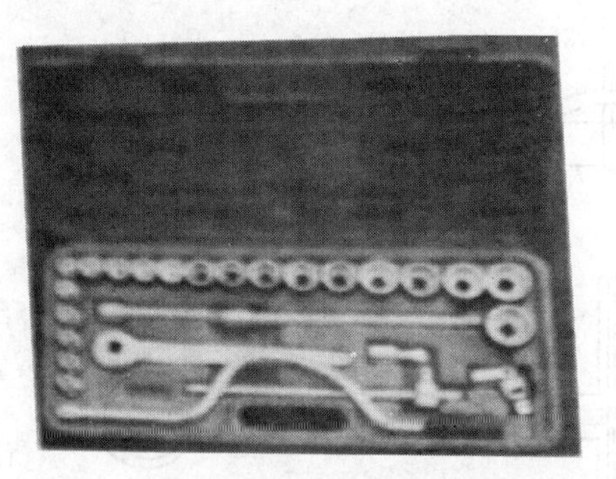

图 3-8　套筒扳手

3. 活扳手（活络扳手）

活扳手（图 3-9）开口宽度可以调节，可用来拆装一定尺寸范围内的六角头或方头螺栓、螺母。活扳手具有通用性强、使用广泛等优点，但使用不方便，拆装效率不高，甚至导致专业生产与安装的不合格。

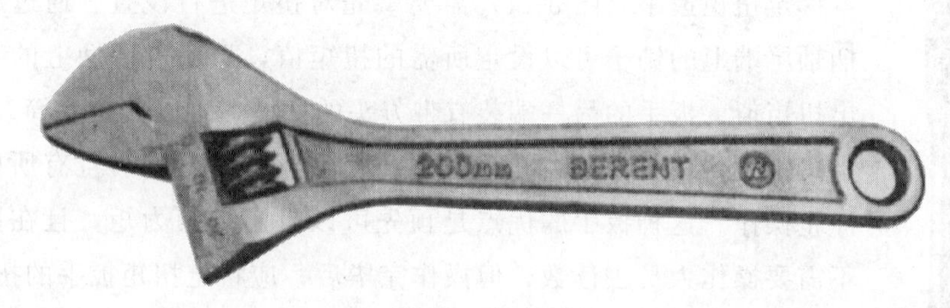

图 3-9　活扳手

活扳手规格见表 3-1。

表 3-1　活扳手（GB/T 4440—1998）

总长度/mm	100	150	200	250	300	375	450	600
最大开口宽度/mm	13	18	24	30	36	46	55	65
实验扭矩/N·m	33	85	180	320	515	920	1370	1975

4. 扳手操作要点

在使用扳手时，应优先选用标准扳手，因为扳手的长度是根据其对应螺栓所需的拧紧力矩而设计的，力矩比较适应，不然将会损坏螺纹。如拧小螺栓（螺母）使用大扳手、不允许管子加长扳手来拧紧的螺栓而使用管子加长扳手来拧紧等。

通常 5 号以上的内六角扳手允许使用长度合理的管子来接长扳手（管子一般企业自制），拧紧时应防止扳手脱手，以防手或头等身体部位碰到设备或模具而造成人身伤害。

5. 测力扳手

图 3-10 所示为控制力矩的测力扳手。它有一个长的弹性扳手柄 3，一端装有手柄 6，另一端装有带方头的柱体 2。方头上，套装一个可更换的梅花套筒（可用于拧紧螺钉或螺母）。柱体 2 上还装有一个长指针 4，刻度盘 7 固定在柄座上。工作时，由于扳手杆和刻度盘一起向旋转的方向弯曲，因此指针就可在刻度盘上指出拧紧力矩的大小。

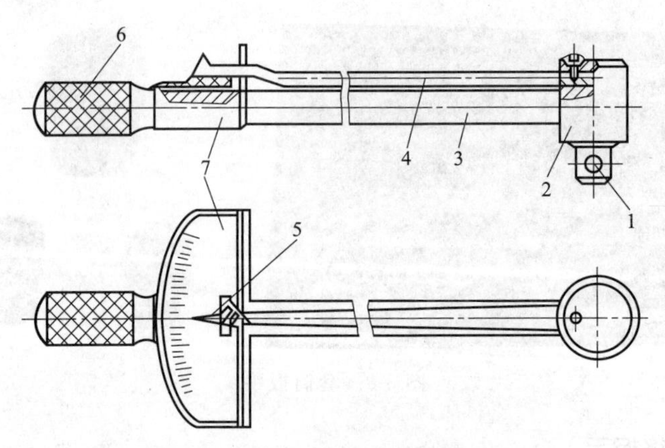

图 3-10 测力扳手图

1—钢球；2—柱体；3—弹性扳手柄；4—长指针；5—指针尖；6—手柄；7—刻度盘

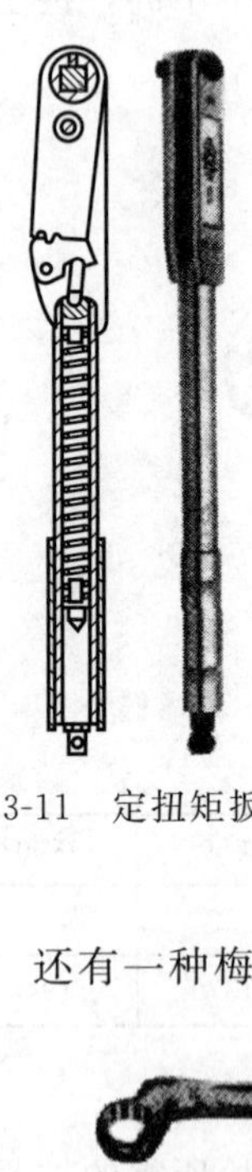

6. 定扭矩扳手

定扭矩扳手（图 3-11）需要事先对扭矩进行设置。通过旋转扳手手柄轴尾端上的销子可以设定所需的扭矩值，且通过手柄上的刻度可以读出扭矩值。扳手的另一端装有带方头的柱体，可以安装套筒。在拧紧时，当扭矩达到设定值时，操作人员会听到扳手发出响声且有所感觉，从而停止操作。这种扳手的优点是预先可以设定拧紧力矩，且在操作过程中不需要操作人员去读数，但操作完毕后，应将定扭矩扳手的扭矩设为零。

图 3-11 定扭矩扳手

7. 梅花扳手

梅花扳手（图 3-12）适合于各种六角螺母或螺钉头，操作中只要转过 30°就可再次进行拧紧或松开螺钉的动作，并可避免损坏螺母或螺钉。梅花扳手常常是双头的，其两端尺寸通常是连续的。大弯头梅花扳手、小弯头梅花扳手、平型梅花扳手中，使用最多的是大弯头梅花扳手。

还有一种梅花开口组合扳手，又称两用扳手（图 3-13），这是开口扳手和梅花扳手的结

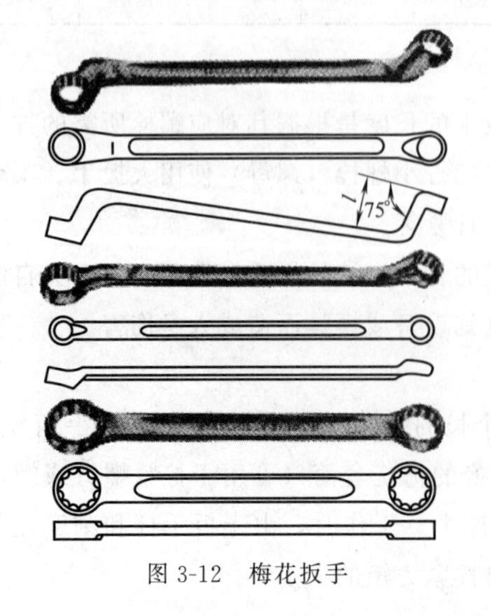

图 3-12 梅花扳手

图 3-13 梅花开口组合扳手

合，其两端尺寸规格是相同的。其优点是：只要螺母或螺钉容易转动，就可以使用操作更快的开口扳手这一端；如果螺母或螺钉很难转动时，就将扳手转过来，用梅花扳手这一端继续旋紧。

二、螺钉旋具

螺钉旋具也称螺丝刀、改锥。拆装常用的螺钉旋具有一字槽螺钉旋具、十字槽螺钉旋具、多用螺钉旋具、内六角螺钉旋具等。

1. 一字槽螺钉旋具

（1）用途　用于紧固或拆卸各种标准的一字槽螺钉（图 3-14），木柄和塑柄螺钉旋具分普通和穿心式两种。穿心式能承受较大的扭矩，并可在尾部用手锤敲击。旋杆设有六角形断面加力部分的螺钉旋具能用相应的扳手夹住旋杆扳动，以增大扭矩。

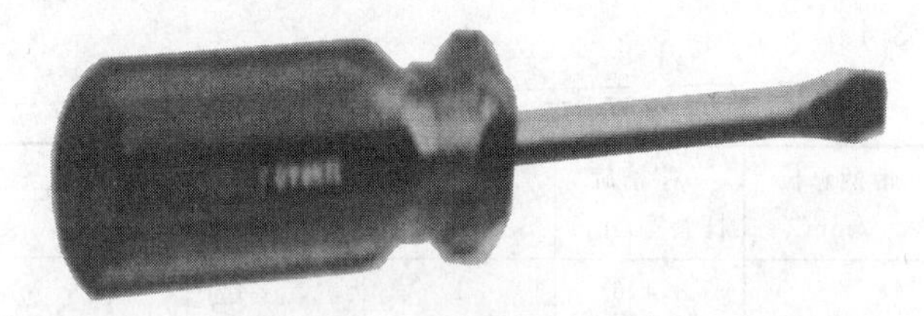

图 3-14　一字槽螺钉旋具

（2）规格　见表 3-2。

表 3-2　一字槽螺钉旋具（GB 10639—89）

项目	木柄或塑料柄									短柄	
旋杆长度/mm	50	75	100	125	150	200	250	300	350	25	40
工作端口宽/mm	2.5	4	4	5.5	6.5	8	10	13	16	5.5	8
工作端口厚/mm	0.4	0.6	0.6	0.8	1	1.2	1.6	2	2.5	0.8	1.2
旋杆直径/mm	3	4	5	6	7	8	9	9	11	6	8
方形旋杆边宽/mm	5			6		7		8		6	7

2. 十字槽螺钉旋具

（1）用途　用于紧固或拆卸各种标准的十字槽螺钉（图 3-15），形式和使用与一字槽螺钉旋具相似。

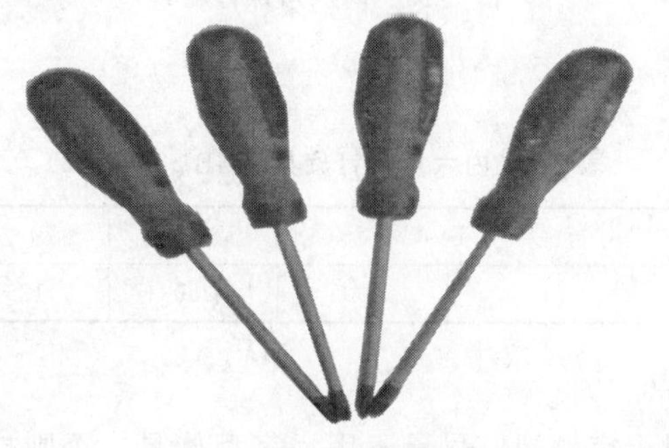

图 3-15　十字槽螺钉旋具

（2）规格　见表 3-3。

表 3-3　十字槽螺钉旋具（GB 1065—89）

旋杆槽号	旋杆长度/mm	选杆直径/mm	方形旋杆边宽/mm	适用螺钉直径/mm
0	75	3	4	≤M2
1	100	4	5	M2.5,M3
2	150	6	6	M4,M5
3	200	8	7	M6
4	250	9	8	M8,M10

3. 多用螺钉旋具

（1）用途　用于旋拧一字槽、十字槽螺钉及木螺钉，可在软质木料上钻孔，并兼作测电笔用。

（2）规格　见表 3-4。

表 3-4　多用螺钉旋具

十字槽号	件数	带柄总长/mm	一字槽旋杆头宽/mm	钢锥/把	刀片/片	小锤/只	木工钻套/mm	套筒/mm
1.2	6	230	3,4,6	1	—	—	—	—
1.2	8		3,4,5,6	1	1	—	—	—
1.2	10		3,4,5,6	1	1	1	6	6.8

4. 内六角螺钉旋具

（1）用途　专用于旋拧内六角螺钉（图 3-16）。

图 3-16　内六角螺钉旋具

（2）规格　见表 3-5。

表 3-5　内六角螺钉旋具（GB 5358—85）

型号	T40				T30		
旋杆长度/mm	100	150	200	250	125	150	200

5. 螺钉旋具操作要点

使用旋具要适当，对十字槽螺钉尽量不用一字型旋具，否则拧不紧甚至会损坏螺钉槽。

一字形槽的螺钉要用刀口宽度略小于槽长的一字形旋具。若刀口宽度太小，不仅拧不紧螺钉，而且易损坏螺钉槽。对于受力较大或螺钉生锈难以拆卸的时候，可选用方形旋杆螺钉旋具，以使能用扳手夹住旋杆扳动，增大力矩。

三、手钳

机床拆装常用的手钳有管子钳、尖嘴钳、大力钳、卡簧钳、钢丝钳等。

1. 管子钳（管子扳手，图 3-17）

（1）用途　用于安装和拆卸各种管子、管路附件或圆形零件，是管路安装和修理常用工具。除钳体用可锻铸铁（或碳钢）制造外，另有铝合金制造，其特点是重量轻，使用轻便，不易生锈。

图 3-17　管子扳手

（2）规格　见表 3-6。

表 3-6　管子钳（GB 8406—87）

全长 L/mm	150	200	250	300	350	450	600	900	1200
夹持管子外径（$D\leqslant$）/mm	20	25	30	40	50	60	75	85	110

（3）操作要点　管子钳夹持力很大，但容易打滑及损坏工件表面，当对工件表面有要求的，需采取保护措施。使用时首先把钳口调整到合适位置，即工件外径略等于钳口中间尺寸，然后右手握柄，左手放在活动钳口外侧并稍加使力，安装时顺时针旋转，拆卸时逆时针旋转，而钳口方向与安装时相反。

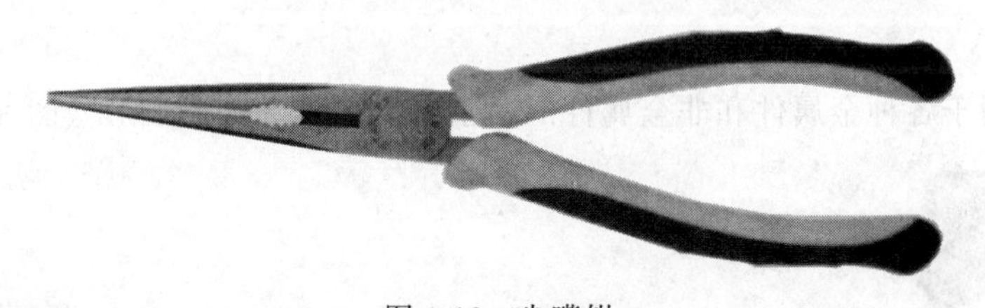

图 3-18　尖嘴钳

2. 尖嘴钳（图 3-18）

（1）用途　用于在狭小工作空间夹持小零件和切断或扭曲细金属丝。

（2）规格　分柄部带塑料套与不带塑料套两种（GB/T 2440.1—1999）。

全长（mm）：125、140、160、180、200。

3. 钢丝钳（图 3-19）

（1）用途　用于夹持或弯折薄片形、圆柱形金属零件及切断金属丝，其旁刃口也可用于切断金属丝。

（2）规格　分柄部不带塑料套（表面发黑或镀铬）和带塑料套两种（GB 6295.1—86）。

全长（mm）：160、180、200。

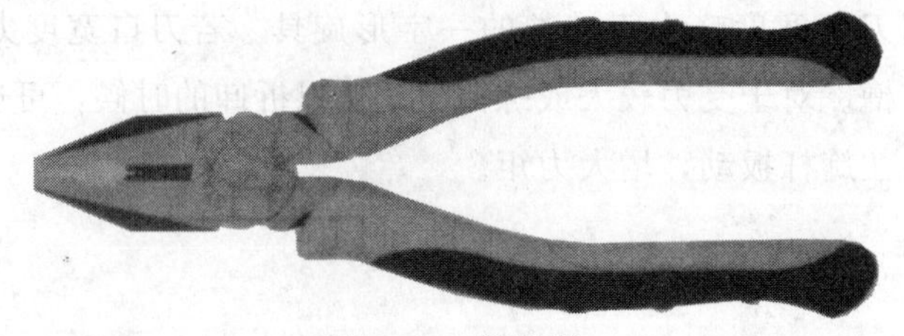

图 3-19 钢丝钳

四、其他常用的拆装工具

其他常用的拆装工具有手锤、铜棒、撬杠、卸销工具等。

1. 手锤

常用手锤有圆头锤（圆头榔头、钳工锤）、塑钉锤、铜锤等。

（1）圆头锤

① 用途 钳工做一般锤击用（图 3-20）。

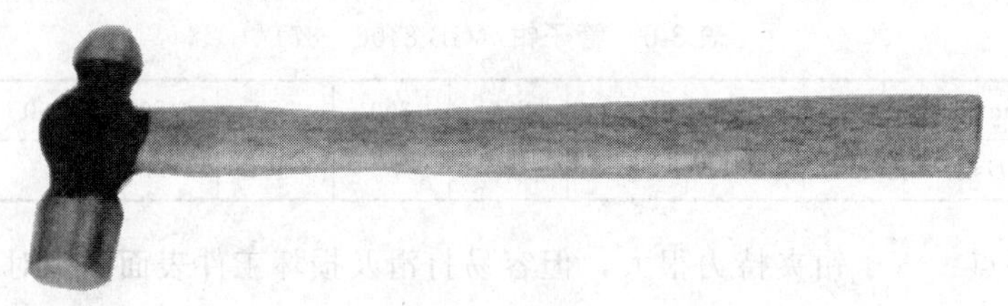

图 3-20 圆头锤

② 规格 市场供应分连柄和不连柄两种（QB/T 1290.2—91）。

质量（不连柄，kg）：0.11、0.22、0.34、0.45、0.68、0.91、1.13、1.36。

（2）塑钉锤

① 用途 用于各种金属件和非金属件的敲击、装卸及无损伤成形（图 3-21）。

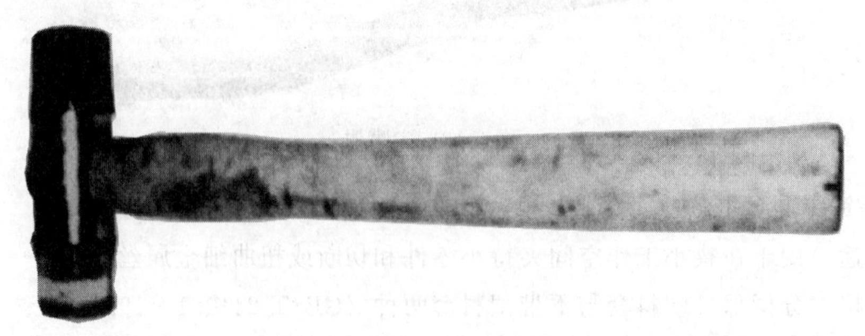

图 3-21 塑钉锤

② 规格 锤头质量（kg）：0.1、0.3、0.5、0.75。

（3）铜锤

① 用途 钳工、维修工作中用以敲击零件，不损伤零件表面（图 3-22）。

② 规格（JB 3463—83）

铜锤头质量（kg）：0.5、1.0、1.5、2.5、4.0。

（4）手锤操作要点

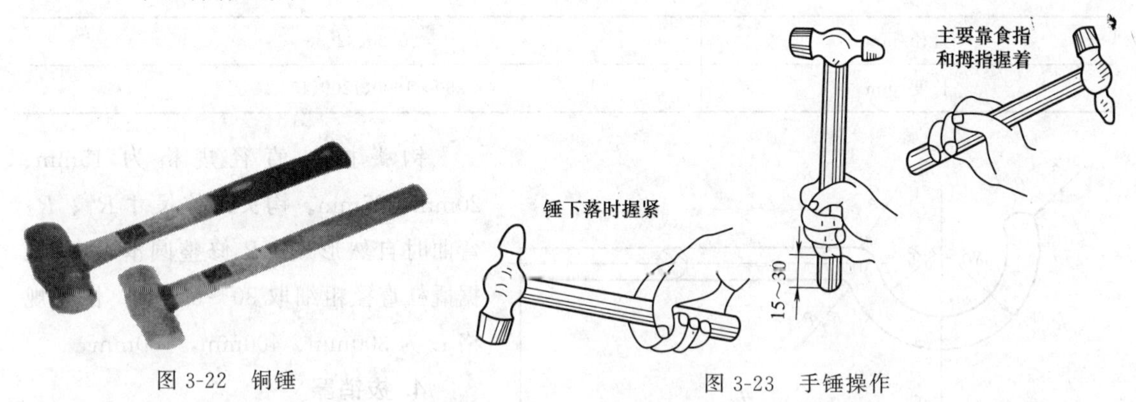

图 3-22　铜锤　　图 3-23　手锤操作

握锤子主要靠拇指和食指，其余各指仅在敲击时才握紧，柄尾只能伸出 15～30mm，如图 3-23 所示。

2. 铜棒

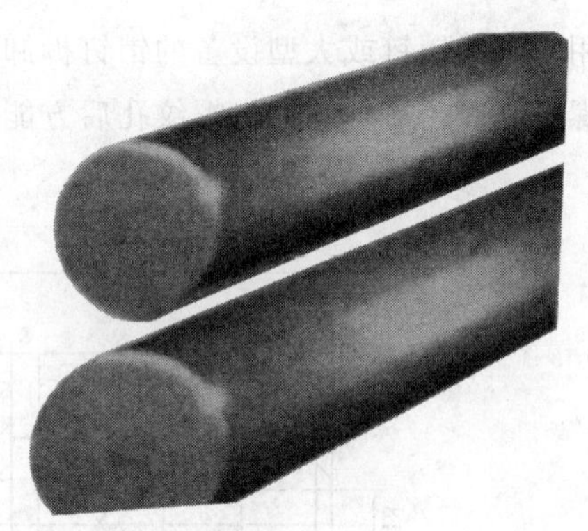

图 3-24　铜棒

铜棒（图 3-24）是拆装必不可少的工具，在装配修磨过程中，禁止使用铁锤敲打零件，而应使用铜棒打击，其目的就是防止零件被打至变形。使用时用力要适当、均匀，以免安装零件卡死。

铜棒材料一般采用紫铜，规格通常为：直径×长度 = 20mm × 200mm、30mm × 220mm、40mm × 250mm 等。

3. 撬杠

撬杠主要用于搬运、撬起笨重物体，而机床拆装常用的有通用撬杠和钩头撬杠。

（1）通用撬杠

通用撬杠（图 3-25）在市场上可以买到，通用性强。在机床维修或保养时，对于较大或难以分开的部件用撬杠在四周均匀用力平行撬开，严禁采用蛮力倾斜撬动，造成精度降低或损坏，同时要保证机床零件表面不被撬坏。通用撬杠规格见表 3-7。

（2）钩头撬杠

钩头撬杠（图 3-26），通常一边一个成对使用，均匀用力，当空间狭小时，钩头撬杠无法进入，此时应使用通用撬杠。

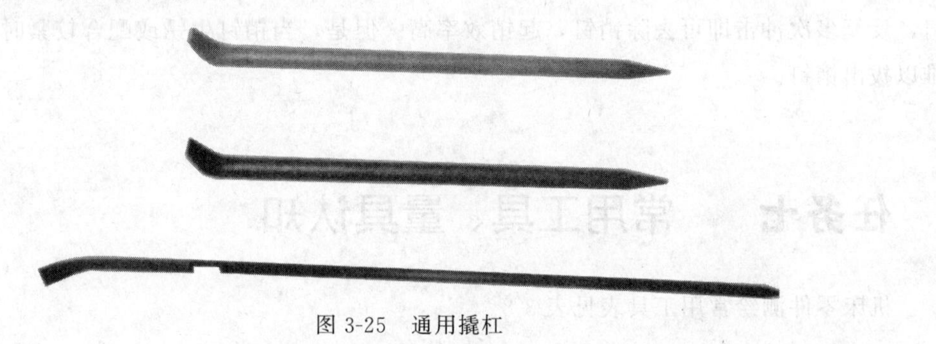

图 3-25　通用撬杠

表 3-7 通用撬杠规格

直径/mm	20、25、32、38
长度/mm	500、1000、1200、1500

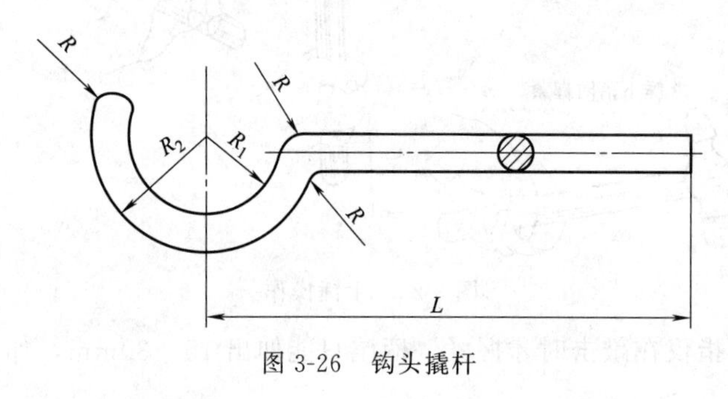

图 3-26 钩头撬杆

钩头撬杠直径规格为 15mm、20mm、25mm。钩头部位尺寸 R_1、R_2 弯曲时自然形成，R 修整圆滑，R_1 根据撬杠直径粗细取 30～50mm。长度规格 L 为 300mm、400mm，500mm。

4. 拔销器

如图 3-27 所示，拔销器是取出带螺纹内孔销钉所用的卸销工具，主要用于盲孔销钉或大型设备的销钉拆卸。既可以拔出直销钉又可以拔出锥度销钉。当销钉没有螺纹孔时，需钻孔攻出螺纹孔后方能使用。

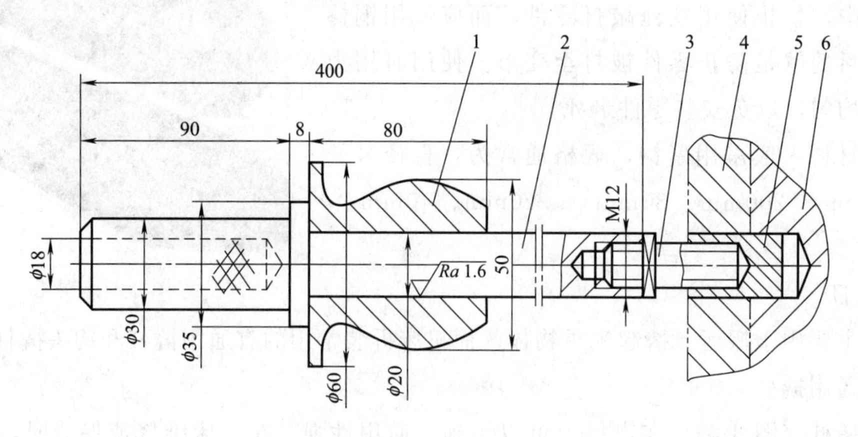

图 3-27 拔销器

1—手柄；2—拔销器杆；3—双头螺栓；

4,6—工件；5—销钉

拔销器市场上有销售，但大多数是企业按需自制，使用时首先把拔销器的双头螺栓 3 旋入销钉 5 螺纹孔内，深度足够时，双手握紧冲击手柄到最低位置，向上用力冲撞冲击杆台肩，反复多次冲击即可去除销钉，起销效率高。但是，当销钉生锈或配合较紧时，拔销器就难以拔出销钉。

任务七 ➤ 常用工具、量具认知

机床零件测绘常用工具表见表 3-8。

表 3-8　机床零件测绘常用工具表

类别	工具名称	图　片	用　途
线纹尺	钢直尺		钢直尺是精度较低的普通量具，主要用来量取尺寸、测量工件，也常用作划直线的导向工具。其工作端面可作测量时的定位面
	钢卷尺		测量长工件尺寸或长距离尺寸用。精度比布卷尺高。摇卷架式用于测量油库或其他液体库内储存的油或液体深度
通用卡尺类	游标卡尺		用于测量工件的外径、内径尺寸。带深度尺的还可用于测量工件的深度尺寸
	深度游标卡尺		深度游标卡尺是用以测量阶梯形表面、盲孔和凹槽等的深度及孔口、凸缘等的厚度
	高度游标卡尺		用于划线及测量工件的高度尺寸
千分尺类	外径千分尺		简称千分尺，主要用于测量工件的外径、长度、厚度等外尺寸
	内径千分尺		是一种带可换接长杆的内测量具，用于测量工件的孔径、沟槽及卡规等的内尺寸
	深度千分尺		主要用于测量精密工件的高度和沟槽孔的深度

续表

类别	工具名称	图片	用途
指示表类	百分表和千分表		测量精密件的形位误差，也可用比较法测量工件的长度
	地标卡规		以测量头深入工件内外部，用于测量工件上尺寸，并通过百分表直接读数。如可用于测量内径、深孔沟槽直径、外径、环形槽底外径、板厚等尺寸及其偏差。一种实用性较强的专用精密量具

任务八 装配中5S操作规范认知

一、5S活动的含义

“5S”是来自日语中整理（Seiri）、整顿（Seiton）、清扫（Seiso）、清洁（Seiketsu）、素养（Shitsuke）这五个词的日语发音缩写，因为这五个词日语中罗马拼音（相当于我国的汉语拼音）的第一个字母都是“S”，所以简称为“5S”，开展以整理、整顿、清扫、清洁、素养为内容的活动称为“5S”活动。

二、“5S”目的和做法

“5S”的含义、目的和做法见表3-9。

表3-9 “5S”的含义、目的和做法对照表

5S	含义	目的	做法/示例
整理	将生产现场的所有物品区分为需要的与不需要的。除了需要的留下来以外，其他的都消除或放置在别的地方。它往往是5S的第一步	腾出空间 防止误用	将物品分为几类（如） ①不再使用的 ②使用频率很低的 ③使用频率较低的 ④经常使用的 将第①类物品处理掉，第②、第③类物品放置在储存处，第④类物品留置在生产现场

续表

5S	含义	目的	做法/示例
整顿	把需要留下的物品定量、定位放置，并摆放整齐，必要时加以标识。它是提高效率的基础	生产现场一目了然 消除找寻物品的时间 整整齐齐的工作环境	对可供放置的场所进行规划 将物品在上述场所摆放整齐 必要时还应标识
清扫	将生产现场及生产用的设备清扫干净，保持生产现场干净、亮丽	保持良好工作情绪 保证产品质量	清扫从地面到天花板的所有物品 机器工具彻底清理、润滑 杜绝污染源，如水管漏水、噪声处理 修复破损的物品
清洁	维持上面3S的成果	监督	检查表 红牌警示
素养	每位员工养成良好的习惯，并遵守规则故事，培养积极主动的精神	培养出具有良好习惯、遵守规则的员工 营造良好的团队精神	如 ①遵守出勤、作息时间 ②工作应保持良好的状态（如不随意谈天说地、离开工作岗位、看小说、打瞌睡、吃零食） ③服装整齐，戴好胸卡 ④待人接物诚恳有礼貌 ⑤爱护公物，用完归还 ⑥保持清洁 ⑦乐于助人

三、5S管理的五大效用

（1）5S管理是最佳推销员（Sales） 干净整洁的工厂使客户有信心，乐于下订单；会有很多人来厂参观学习；会使大家希望到这样的工厂工作。

（2）5S管理是节约（Saving） 降低不必要的材料、工具的浪费；减少寻找工具、材料等的时间；提高工作效率。

（3）5S管理对安全有保障（Safety） 宽广明亮、视野开阔的职场，遵守堆积限制，危险处一目了然；走道明确，不会造成杂乱情形而影响工作的顺畅。

（4）5S管理是标准化的推动者（Standardization） 三定、三要素原则规范作业现场，大家都按照规定执行任务，程序稳定，品质稳定。

（5）5S管理形成令人满意的职场（Satisfaction） 创造明亮、清洁的工作场所，使员工有成就感，能造就现场全体人员努力向上的气氛。

四、装配实习中的5S活动的实施及查核

5S活动的推行，除了必须拟定详尽的计划和活动办法外，在推行过程中，每一项均要定期检查，加以控制。表3-10为5S检查表，供学生实习时自我检查和教师巡查用，亦可作为实验管理的标准参照。

表 3-10　5S 检查表

一、整理			
项次	检查项目	得分	检查状况
1	通道	0	有很多东西或脏乱
		1	虽能通行，但要避开，台车不能通行
		2	摆放的物品超出通道
		3	超出通道，但有警示牌
		4	很通畅，又整洁
2	生产现场的设备材料	0	一个月以上使用的物品杂乱堆放着
		1	角落处放置不必要的物品
		2	放半个月以后要用的物品，且紊乱
		3	一周内要用，且整理好
		4	三日内使用，且整理好
3	办公桌(作业台)上下及抽屉	0	不使用或无关的物品杂乱存放
		1	半个月才用一次的
		2	一周内要用，但过量
		3	当日使用，但杂乱
		4	桌面及抽屉内物品均最低限度，且整齐
4	料架	0	杂乱堆放不使用的物品
		1	料架破旧，缺乏整理
		2	摆放不使用的物品，但较整齐
		3	料架上的物品整齐摆放，但有非近日用物品
		4	摆放物为近日用，很整齐
5	仓库	0	塞满东西，人不易行走
		1	东西杂乱摆放
		2	有定位规定，但没被严格遵守
		3	有定位也有管理，但进出不方便
二、整顿			
项次	检查项目	得分	检查状况
1	设备 机器 仪器	0	破损不堪，不能使用，杂乱堆放
		1	不能使用的集中在一起
		2	能使用，但较脏乱
		3	能使用，有保养，但不整齐
		4	摆放整齐、干净，呈最佳状态
2	工具	0	不能使用的工具杂放着
		1	勉强可用的工具多
		2	均为可用工具，但缺乏保养
		3	工具有保养，有定位放置
		4	工具采用目视管理

续表

二、整顿

项次	检查项目	得分	检查状况
3	零件	0	不良品与良品杂放在一起
		1	不良品虽没即时处理，但有区分及标识
		2	只有良品，但保管方法不好
		3	保管有定位标识
		4	保管有定位，有图示，任何人均很清楚
4	图纸 作业标识书	0	过期且与使用中的物品杂放在一起
		1	不是最新的，且随意摆放
		2	是最新的，且随意摆放
		3	有卷宗夹保管，但无次序
		4	有目录，有次序，且整齐，任何人都能随时使用
5	文件档案	0	零乱放置，使用时没法找
		1	虽显零乱，但可以找着
		2	共同文件被定位，集中保管
		3	文件分类处理，且容易检索
		4	明确定位，采用目视管理，任何人都能随时使用

三、清扫

项次	检查项目	得分	检查状况
1	通道	0	有烟头、纸屑、铁屑、其他杂物
		1	虽无脏物，但地面不平整
		2	有水渍、灰尘
		3	早上或实习前有清扫
		4	使用拖把，并定期打蜡，很光亮
2	生产现场	0	有烟头、纸屑、铁屑、其他杂物
		1	虽无脏物，但地面不平整
		2	有水渍、灰尘
		3	零件、材料、包装材料存放不妥，掉地上
		4	使用拖把，并定期打蜡，很光亮
3	办公桌 作业台	0	文件、工具、零件很脏乱
		1	桌面、台面布满灰尘
		2	桌面台面虽干净，但破损未修理
		3	桌面、台面干净整齐
		4	除桌面、台面外，椅子及四周均干净亮丽
4	窗 墙板 天花板	0	任凭破烂
		1	破烂，仅应急简单处理
		2	乱贴挂不需要的东西
		3	还算干净
		4	干净亮丽，很是舒爽

续表

三、清扫			
项次	检查项目	得分	检查状况
5	设备 工具 仪器	0	有生锈
		1	虽无生锈，但有油垢
		2	有轻微灰尘
		3	保持干净
		4	使用中有防止不干净之措施，并随时清理
四、清洁			
项次	检查项目	得分	检查状况
1	通道 生产现场	0	没有划分
		1	有划分
		2	划线感觉还可以
		3	划线清楚，地面有清扫
		4	通道及生产现场感觉很舒畅
2	地面	0	有油或水
		1	有油渍或水渍，显得不干净
		2	不是很平
		3	经常清理，没有脏物
		4	地面干净亮丽，感觉舒服
3	办公桌 作业台 椅子 架子 教室	0	很脏乱
		1	偶尔清洁
		2	虽有清洁，但还是显得很脏乱
		3	自己感觉很好
		4	任何人都会觉得很舒服
4	洗手台 厕所	0	容器或设备脏乱
		1	破损未修理
		2	有清洁，但还有异味
		3	经常清洁，没异味
		4	干净亮丽，装饰过，感觉舒服
5	储物室	0	阴暗潮湿
		1	虽阴暗，但有通风
		2	照明不足
		3	照明适度，通风好，感觉清爽
		4	干干净净，整整齐齐，感觉舒服
五、素养			
项次	检查项目	得分	检查状况
1	日常5S活动	0	没有活动
		1	虽有清洁清扫工作，但非5S计划性工作

续表

五、素养			
项次	检查项目	得分	检查状况
1	日常5S活动	2	能按5S计划进行工作
		3	平时能够自觉做到
		4	对5S活动非常积极
2	服装	0	穿着脏，破损未修补
		1	不整洁
		2	按扣或鞋带未弄好
		3	依规定穿着工作服，戴胸卡
		4	穿着依规定，并感觉有活力
3	仪容	0	不够边幅且脏
		1	头发、胡须过长
		2	有上述两项中的一项缺点
		3	均依规定整理
		4	感觉精神有活力
4	行为规范	0	举止粗暴，出口脏言
		1	衣衫不整，不卫生
		2	自己的事可做好，但缺乏公德心
		3	自觉遵守规则
		4	富有主动精神、团队精神
5	时间观念	0	缺乏时间观念
		1	稍有时间观念，有迟到现象
		2	不愿受时间约束，但会尽力去做
		3	约定时间会全力去完成
		4	约定时间会提早去做好

注：本附表仅为通用格式，具体内容应根据推行5S的场所实际情况决定，且应更加具体化、细节化。

五、成绩评定与红灯、红牌警示

实习指导教师要对学生执行“5S”规范的情况加强巡查，并做好记录，及时发现存在的问题点。对于检查中的优缺点，教师要在课堂讲评中分别予以说明，并对相应学生以表扬或纠正。同时，要将检查成绩及时公布，成绩的高低用相应的灯号表示：

（1）90分以上（含90分） 绿灯；

（2）80～89分 蓝灯；

（3）70～79分 黄灯；

（4）70分以下 红灯。

除对低于70分的学生给予红灯警告外，检查教师对于检查中不合乎“5S”规范的场所甚至要采取红牌警示，即在不良之处贴上醒目的红牌子，以待各实习小组或学生改进。各实习小组的目标就是尽量减少“红牌”的发生机会。

项目四

数控机床的机械装调与维修

学习目标

掌握主传动系统和数控车床、铣床主轴部件的调整；
了解数控机床的机械结构组成和数控机床常见的机械故障；
学会进给传动系统的装调与维护。

任务一 数控机床的机械结构组成认知

一、数控车床结构组成

图 4-1 为典型数控车床的机械结构系统组成，包括主轴传动机构、进给传动机构、刀架、床身、辅助装置（刀具自动交换机构润滑与切削液装置、排屑、过载限位）等部分。

带有刀库、动力刀具、C 轴控制的数控车床通常称为车削中心，车削中心除进行车削工序外，还可以进行轴向铣削、径向铣削、钻孔、攻螺纹等，使工序高度集中。

二、数控铣床／加工中心的结构组成

数控铣床的主轴上装夹刀具并带动其旋转。进给系统包括工件直线进给运动机械结构和实现工件回转运动的机械结构。加工中心与数控铣床的区别存于它能在一台机床上完成由多台机床才能完成的工作，具有自动换刀装置。加工中心最先是在镗铣类机床上发展起来的，所以称为镗铣类加工中心，简称加工中心。

加工中心具有刀库及自动换刀装置，一次装夹完成多工序的加工，节省了大量装夹换刀时间。由于不需要人工操作，故采用了封闭或半封闭式加工，使人机界面明快、干净、协

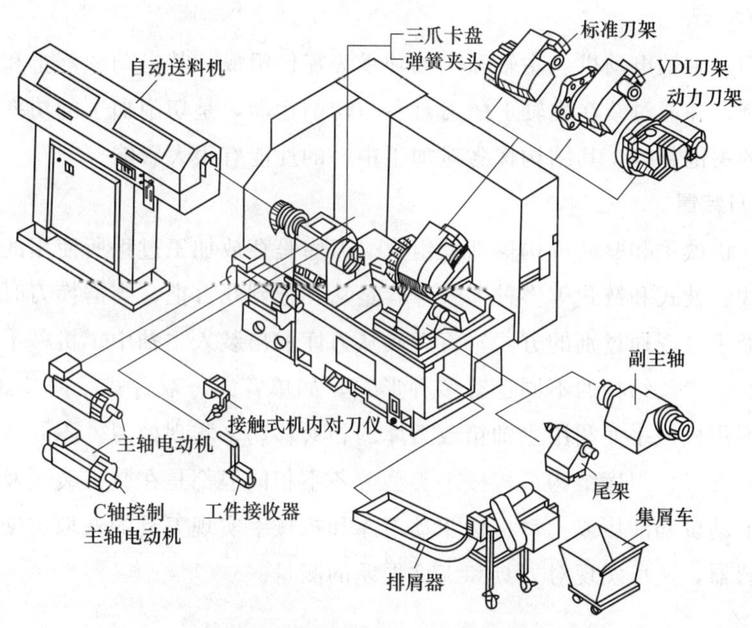

图 4-1　典型数控车床的系统组成

调。机床各部分的互锁功能强，可防止事故发生，并设有紧急停车装置，以免发生意外事故。所有操作都集中在一个操作界面上，一目了然，减少了误操作。有的加工中心还配备了自动托盘交换系统，减少工件安装的辅助时间，提高效率。图 4-2 所示为某加工中心的外观图。

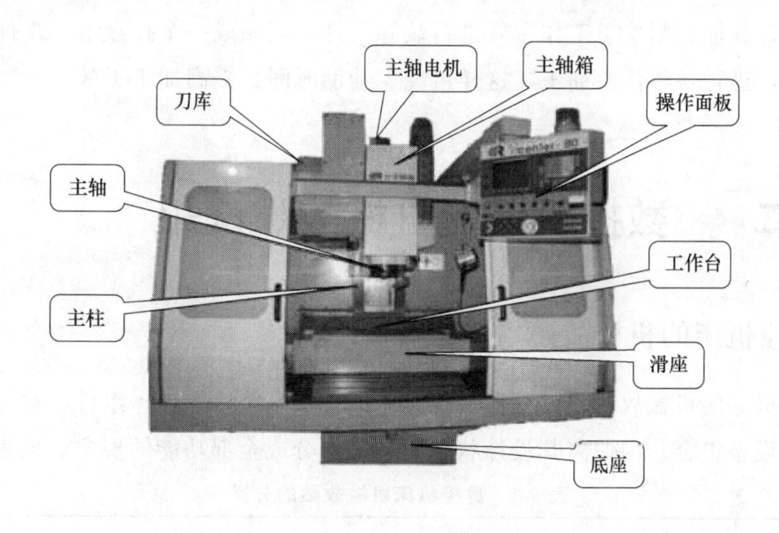

图 4-2　加工中心组成

1. 基础部件

由床身、立柱和工作台等大件组成，是加工中心的基础构件，它们可以是铸铁件，也可以是焊接钢结构，均要承受加工中心的静载荷以及在加工时的切削载荷。故必须是刚度很高的部件，亦是加工中心质量和体积最大的部件。

2. 主轴组件

它由主轴箱、主轴电动机、主轴和主轴轴承等零件组成。其启动、停止和转动等动作均由数控系统控制，并通过装在主轴上的刀具参与切削运动，是切削加工的功率输出部件。主轴是加工中心的关键部件，其结构优劣对加工中心的性能有很大影响。

3. 自动换刀装置

它由刀库、机械手和驱动机构等部件组成。刀库是存放加工过程所使用的全部刀具的装置。刀库有盘式、鼓式和链式等多种形式，容量从几把到几百把，当需换刀时，根据数控系统指令，由机械手（或通过别的方式）将刀具从刀库取出装入主轴中，机械手的结构根据刀库与主轴的相对位置及结构的不同也有多种形式，如单臂式、双臂式、回转式和轨道式等。有的加工中心不用机械手而利用主轴箱或刀库的相对移动来实现换刀。不同的加工中心尽管换刀过程、选刀方式、刀库结构、机械手类型等各不相同但都是在数控装置及可编程序控制器控制下，由电动机和液压或气动机构驱动刀库和机械手实现刀具的选取与交换。当机构中装入接触式传感器，还可实现对刀具和工件误差的测量。

4. 辅助系统

包括润滑、冷却、排屑、防护、液压和随机检测系统等部分。辅助系统虽不直接参加切削运动，但对加工中心的加工效率、加工精度和可靠性起到保障作用，因此，也是加工中心不可缺少的部分。

5. 自动托盘更换系统

有的加工中心为进一步缩短非切削时间，配有多个自动交换工件托盘，一个安装在工作台上进行加工，其他的则位于工作台外进行装卸工件。当完成一个托盘上的工件加工后，便自动交换托盘，进行新零件的加工，这样可减少辅助时间，提高加工工效。

任务二 数控机床的机械故障认知

一、数控机床的机械故障

所谓数控机床的机械故障，就是指数控机床的机械系统（零件、组件、部件、整台设备乃至一系列的设备组合）因偏离其设计状态而丧失部分或全部功能的现象，见表 4-1。

表 4-1 数控机床机械故障的分类

标准	分类	说明
故障发生的原因	磨损性故障	正常磨损而引发的故障，对这类故障形式，一般只进行寿命预测
	错用性故障	使用不当而引发的故障
	先天性故障	由于设计或制造不当而造成机械系统中存在某些薄弱环节而引发的故障
故障性质	间断性故障	只是短期内丧失某些功能，稍加修理调试就能恢复，不需要更换零件
	永久性故障	某些零件已损坏，需要更换或修理才能恢复

续表

标准	分类	说明
故障发生后的影响程度	部分性故障	功能部分丧失的故障
	完全性故障	功能完全丧失的故障
故障造成的后果	危害性故障	会对人身、生产和环境造成危险或危害的故障
	安全性故障	不会对人身、生产和环境造成危害的故障
故障发生的快慢	突发性故障	不能靠早期测试检测出来的故障。对这类故障只能进行预防
	渐发性故障	故障的发展有一个过程,因而可对其进行预测和监视
故障发生的频次	偶发性故障	发生频率很低的故障
	多发性故障	经常发生的故障
故障发生、发展规律	随机故障	故障发生的时间是随机的
	有规则故障	故障的发生比较有规则

二、数控机床机械故障的特点

数控机床机械故障的特点见表 4-2。

表 4-2 数控机床机械故障的特点

故障部位	特点
进给传动链故障	运动品质下降 修理常与运动副预紧力、松动环节和补偿环节有关 定位精度下降、反向间隙过大,机械爬行,轴承噪声过大
主轴部件故障	可能出现故障的部分有自动换刀部分的刀杆拉紧机构、自动换挡机构及主轴运动精度的保持装置等

任务三 ▶▶ 主传动系统的装调与维修

一、主轴变速方式

1. 无级变速

数控机床一般采用直流或交流主轴伺服电动机实现主轴无级变速。

交流主轴电动机及交流变频驱动装置（笼型感应交流电动机配置矢量变频调速系统），没有电刷，不产生火花，使用寿命长，且性能已达到直流驱动系统的水平，甚至在噪声方面还有所降低。因此，目前应用较为广泛。

2. 分段无级变速

有的数控机床在交流或直流电动机无级变速的基础上配以齿轮变速，使之成为分段无级变速（见图 4-3）。分段无级变速的方式如下。

(1) 带有变速齿轮的主传动［见图 4-3 (a)］。大中型数控机床较常采用的配置方式，通过少数几对齿轮传动，扩大变速范围。滑移齿轮的移位大都采用液压拨叉或直接由液压缸带动齿轮来实现。

（2）通过带传动的主传动［见图 4-3（b）］。主要用在转速较高、变速范围不大的机床。适用于高速、低转矩特性的主轴。常用的是同步齿形带。

（3）用两个电动机分别驱动主轴［见图 4-3（c）］。高速时由一个电动机通过带传动；低速时，由另一个电动机通过齿轮传动。两个电动机不能同时工作，也是一种浪费。

（4）内装电动机主轴［电主轴，见图 4-3（d）］。电动机转子固定在机床主轴上，结构紧凑，但需要考虑电动机的散热。

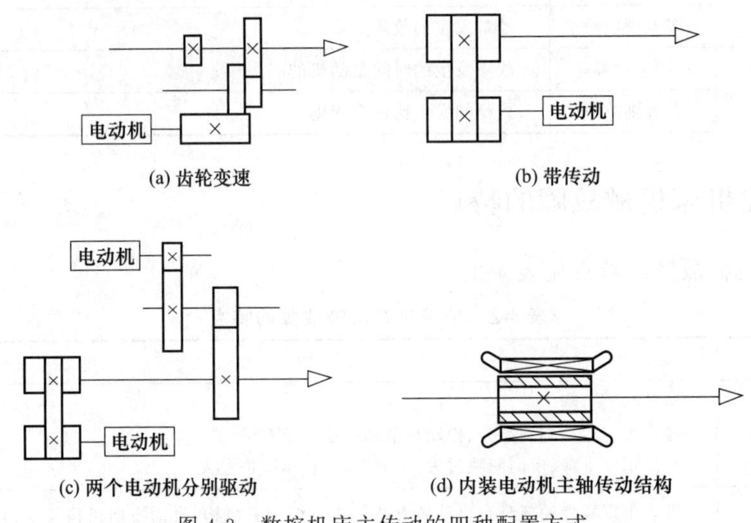

图 4-3　数控机床主传动的四种配置方式

二、电主轴结构

电主轴基本结构如图 4-4 所示。

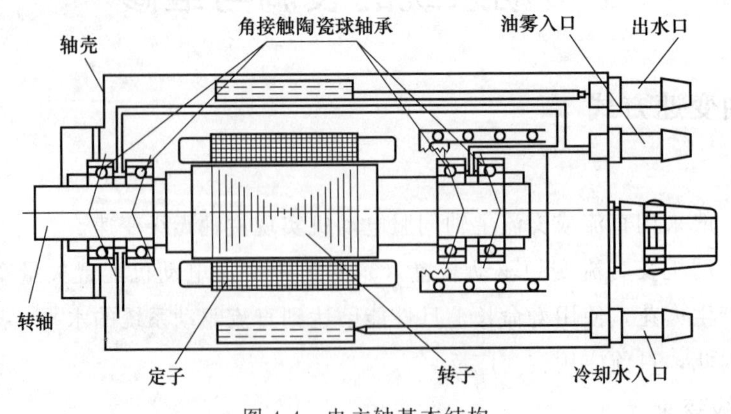

图 4-4　电主轴基本结构

1. 轴壳

轴壳是高速电主轴的主要部件，轴壳的尺寸精度和位置精度直接影响主轴的综合精度。

通常将轴承座孔直接设计在轴壳上。电主轴为加装电动机定子，必须安放一端，而大型或特种电主轴，为制造方便、节省材料，可将轴壳两端均设计成开放型。

2. 转轴

转轴是高速主轴的主要回转主体，其制造精度直接影响电主轴的最终精度。成品转轴的几何公差和尺寸精度要求都很高。当转轴高速运转时，由偏心质量引起的振动，严重影响其动态性能，因此，必须对转轴进行严格的动平衡。

3. 轴承

高速主轴的核心支承部件是高速精密轴承，这种轴承具有高速性能好、动载荷承载能力高、润滑性能好、发热量小等优点。近年来，相继开发陶瓷轴承，动、静压轴承和磁悬浮轴承。磁悬浮轴承高速性能好，精度高，但价格昂贵。动、静压轴承有很好的高速性能，而且调速范围大，但必须进行专门设计，标准化程度低，维护也困难。目前，应用最多的高速主轴轴承还是混合陶瓷球轴承，用其组装的电主轴，具有高速、高刚度、大功率、长寿命等优点。

4. 定子与转子

高速转轴的定子由具有高磁导率的优质硅钢片叠压而成，叠压成型的定子内腔带有冲压嵌线槽。转子由转子铁芯、鼠笼、转轴三部分组成。

三、主轴部件的支承

机床主轴带着刀具或夹具在支承中做回转运动，应能传递切削转矩承受切削抗力，并保证必要的旋转精度。机床主轴多采用滚动。轴承作为支承，对于精度要求高的主轴则采用动压或静压滑动轴承作为支承。

如图 4-5 所示为主轴常用的几种滚动轴承。

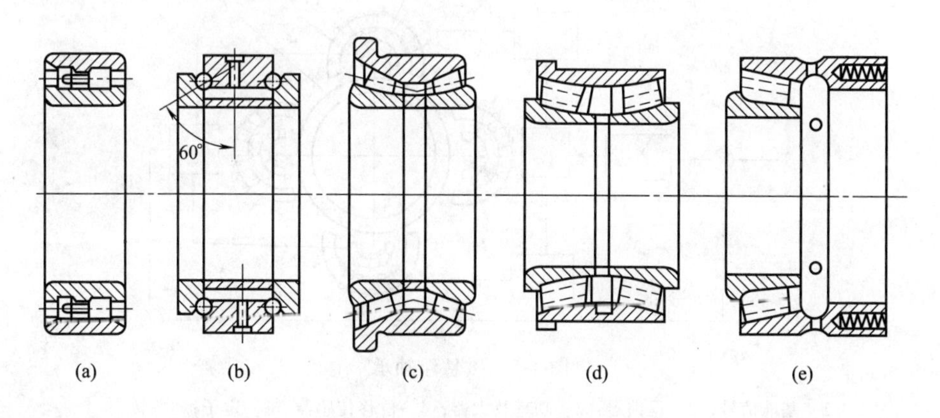

图 4-5　主轴常用的滚动轴承

图 4-5（a）为锥孔双列圆柱滚子轴承，内圈为 1∶12 的锥孔，当内圈沿锥形轴颈轴向移动时，内圈胀大以调整滚道的间隙。滚子数目多，两列滚子交错排列，因而承载能力大，刚性好，允许转速高。它的内、外圈均较薄，因此，要求主轴颈与箱体孔均有较高的制造精

度，以免轴颈与箱体孔的形状误差使轴承滚道发生畸变而影响主轴的旋转精度。该轴承只能承受径向载荷。

图 4-5（b）是双列推力角接触球轴承，接触角为 60°，球径小，数目多，能承受双向轴向载荷。磨薄中间隔套可以调整间隙或预紧，轴向刚度较高，允许转速高。该轴承一般与双列圆柱滚子轴承配套用作主轴的前支承，并将其外圈外径做成负偏差，保证只承受轴向载荷。

图 4-5（c）是双列圆锥滚子轴承，它有一个公用外圈和两个内圈，由外圈的凸肩在箱体上进行轴向定位，箱体孔可以镗成通孔。磨薄中间隔套可以调整间隙或预紧，两列滚子的数目相差一个，能使振动频率不一致，明显改善了轴承的动态特性。这种轴承能同时承受径向和轴向载荷，通常用作主轴的前支承。

图 4-5（d）为带凸肩的双列圆柱滚子轴承，结构上与图 4-5（c）相似，可用作主轴前支承。滚子做成空心的，保持架为整体结构，充满滚子之间的间隙，润滑油由空心滚子端面流向挡边摩擦处，可有效地进行润滑和冷却。空心滚子承受冲击载荷时可产生微小变形，能增大接触面积并有吸振和缓冲作用。图 4-5（e）为带预紧弹簧的圆锥滚子轴承，弹簧数目为 16～20 根，均匀增减弹簧可以改变预加载荷的大小。

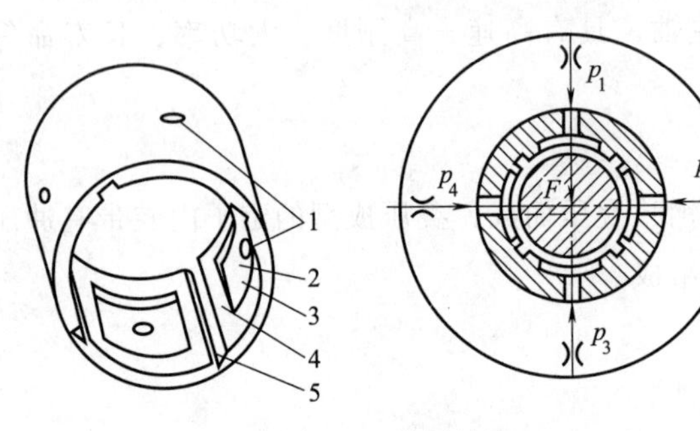

图 4-6　静压轴承

1—进油孔；2—油腔；3—轴向油封；4—径向油封；5—回油槽

机床主轴多采用滚动轴承作为支承，对于精度要求高的主轴则采用动压或静压滑动轴承（见图 4-6）及磁悬浮轴承作为支承（见图 4-7）。

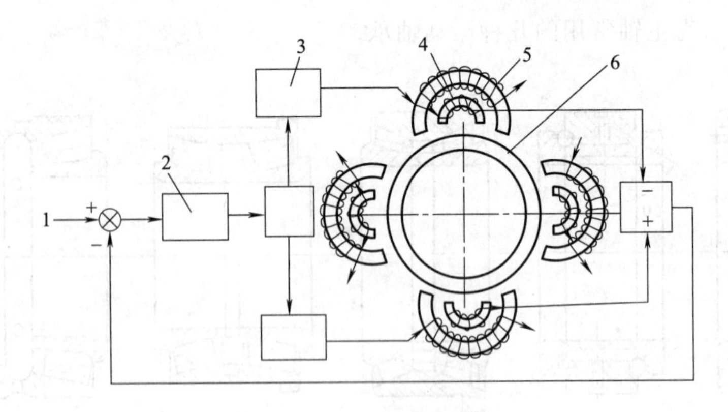

图 4-7　磁悬浮轴承

1—基准信号；2—反馈器；3—功率放大器；4—位移传感器；5—定子；6—转子

四、主轴滚动轴承的预紧

1. 轴承内圈移动

如图 4-8 所示，这种方法适用于锥孔双列圆柱滚子轴承。用螺母通过套筒推动内圈在锥形轴颈上做轴向移动，使内圈变形胀大，在滚道上产生过盈，从而达到预紧的目的。如图 4-8（a）的结构简单，但预紧量不易控制，常用于轻载机床主轴部件。如图 4-8（b）用右端螺母限制内圈的移动量，易于控制预紧量。如图 4-8（c）在主轴凸缘上均布数个螺钉以调整内圈的移动量，调整方便，但是用几个螺钉调整，易使垫圈歪斜。如图 4-8（d）将紧靠轴承右端的垫圈做成两个半环，可以径向取出，修磨其厚度可控制预紧量的大小，调整精度较高，调整螺母一般采用细牙螺纹，便于微量调整，而且在调好后要能锁紧防松。

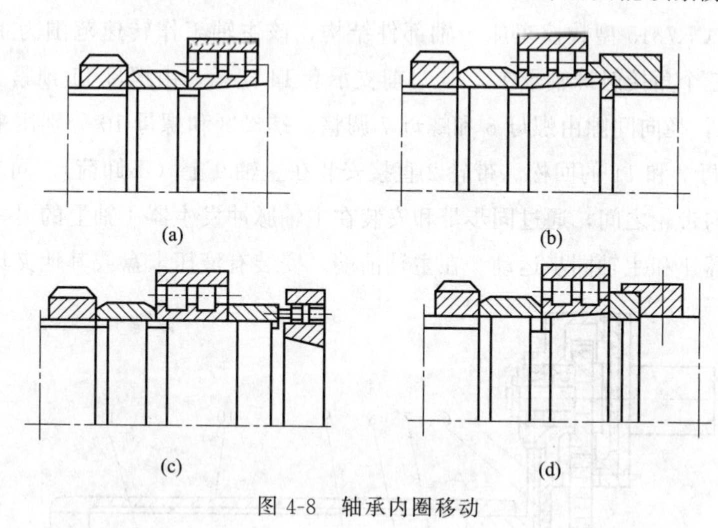

图 4-8　轴承内圈移动

2. 修磨座圈或隔套

图 4-9（a）为轴承外圈宽边相对（背对背）安装，这时修磨轴承内圈的内侧；图 4-9（b）为外圈窄边相对（面对面）安装，这时修磨轴承外圈的窄边。在安装时，一种方法是按图示的相对关系装配，并用螺母或法兰盖将两个轴承轴向压拢，使两个修磨过的端面贴紧，这样在两个轴承的滚道之间产生预紧；另一种方法是将两个厚度不同的隔套放在两轴承内、外圈之间，同样将两个轴承轴向相对压紧，使滚道之间产生预紧，如图 4-10（a）、（b）所示。

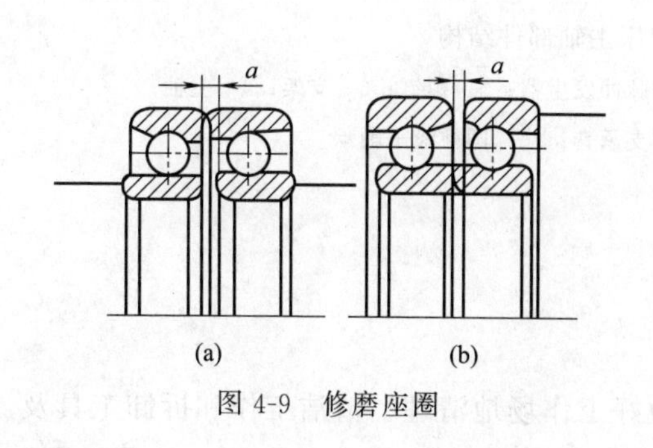

图 4-9　修磨座圈

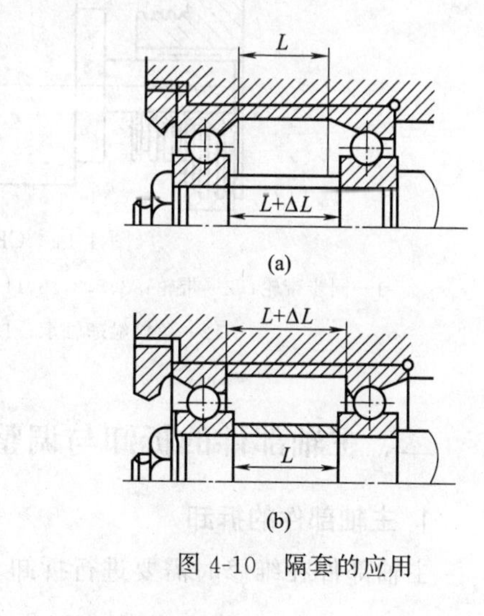

图 4-10　隔套的应用

任务四 ▶▶ 数控车床主轴部件的调整

一、主轴部件结构

如图 4-11 是 CK7815 型数控车床主轴部件结构，该主轴工作转速范围为 15～5000r/min。主轴 9 前端采用三个角接触球轴承 12，通过前支承套 14 支承，由螺母 11 预紧。后端采用圆柱滚子轴承 15 支承，径向间隙由螺母 3 和螺母 7 调整。螺母 8 和螺母 10 分别用来锁紧螺母 7 和螺母 11，防止螺母 7 和 11 的回松。带轮 2 直接安装在主轴 9 上（不卸荷）。同步带轮 1 安装在主轴 9 后端支承与带轮之间，通过同步带和安装在主轴脉冲发生器 4 轴上的另一同步带轮，带动主轴脉冲发生器 4 和主轴同步运动。在主轴前端，安装有液压卡盘或其他夹具。

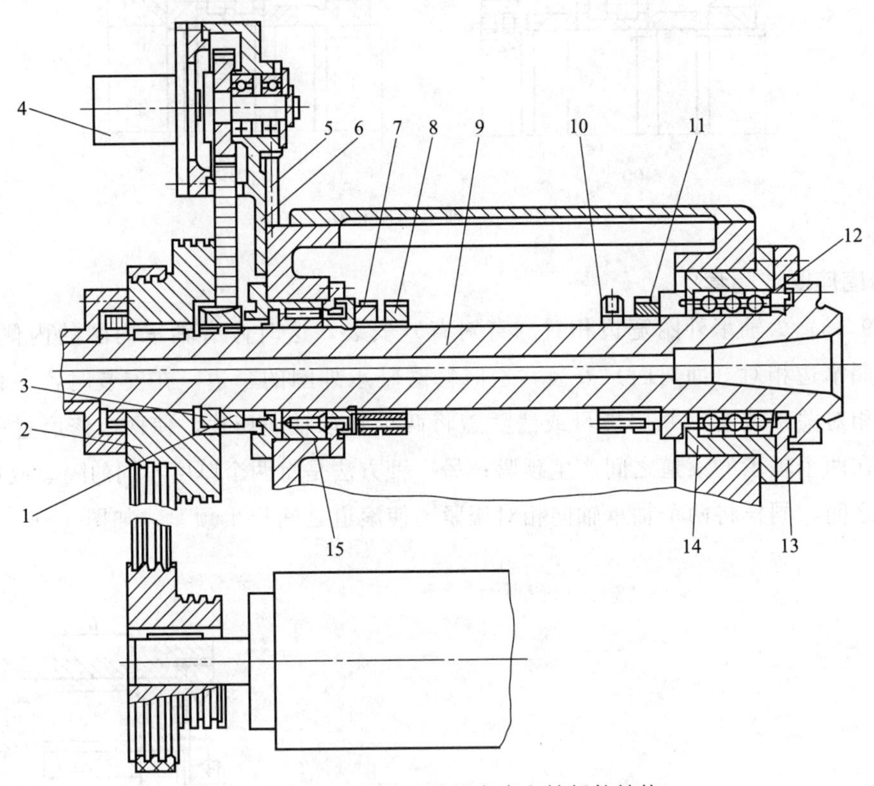

图 4-11 CK7815 型数控车床主轴部件结构

1—同步带轮；2—带轮；3,7,8,10,11—螺母；4—主轴脉冲发生器；5—螺钉；6—支架；9—主轴；12—角接触球轴承；13—端盖；14—前支承套；15—圆柱滚子轴承

二、主轴部件的拆卸与调整

1. 主轴部件的拆卸

主轴部件在维修时需要进行拆卸。拆卸前应做好工作场地清理、清洁工作和拆卸工具及

资料的准备工作，然后进行拆卸操作。拆卸操作顺序大致如下。

（1）切断总电源及主轴脉冲发生器等电气线路。总电源切断后，应拆下保险装置，防止他人误合闸而引起事故。

（2）切断液压卡盘（图 4-11 中未画出）油路，排放掉主轴部件及相关各部润滑油。油路切断后，应放尽管内余油，避免油溢出污染工作环境，管口应包扎，防止灰尘及杂物侵入。

（3）拆下液压卡盘（图 4-11 中未画出）及主轴后端液压缸等部件。排尽油管中余油并包扎管口。

（4）拆下电动机传动带及主轴后端带轮和键。

（5）折下主轴后端螺母 3。

（6）松开螺钉 5，拆下支架 6 上的螺钉，拆去主轴脉冲发生器（含支架、同步带）。

（7）拆下同步带轮 1 和后端油封件。

（8）拆下主轴后支承处轴向定位盘螺钉。

（9）拆下主轴前支承套螺钉。

（10）拆下（向前端方向）主轴部件。

（11）拆下圆柱滚子轴承 15 和轴向定位盘及油封。

（12）折下螺母 7 和螺母 8。

（13）拆下螺母 10 和螺母 11 以及前油封。

（14）拆下主轴 9 和前端盖 13。主轴拆下后要轻放，不得碰伤各螺纹及圆柱表面。

（15）拆下角接触球轴承 12 和前支承套 14。

以上各部件、零件拆卸后，应清洗及防锈处理，并妥善存放保管。

2. 主轴部件装配及调整

装配前，各零件、部件应严格清洗，需要预先加涂油的部件应加涂油。装配设备、装配工具以及装配方法，应根据装配要求及配合部位的性质选取。操作者必须注意，不正确或不规范的装配方法，将影响装配精度和装配质量，甚至损坏被装配件。

对 CK7815 型数控车床主轴部件的装配过程，可大体依据拆卸顺序逆向操作，这里就不再叙述。主轴部件装配时的调整，应注意以下几个部位的操作。

（1）前端三个角接触球轴承，应注意前面两个大口向外，朝向主轴前端，后一个大口向里（与前面两个相反方向）。预紧螺母 11 的预紧量应适当（查阅制造厂家说明书），预紧后一定要注意用螺母 10 锁紧，防止回松。

（2）后端圆柱滚子轴承的径向间隙由螺母 3 和螺母 7 调整。调整后通过螺母 8 锁紧，防止回松。

（3）为保证主轴脉冲发生器与主轴转动的同步精度，同步带的张紧力应合理。调整时先略略松开支架 6 上的螺钉，然后调整螺钉 5，使之张紧同步带。同步带张紧后，再旋紧支架 6 上的紧固螺钉。

（4）液压卡盘装配调整时，应充分清洗卡盘内锥面和主轴前端外端锥面，保证卡盘与主轴短锥面的良好接触。卡盘与主轴连接螺钉旋紧时应对角均匀施力，以保证卡盘的工作定心精度。

(5) 液压卡盘驱动液压缸（图 4-11 中未画出）安装时，应调好卡盘拉杆长度，保证驱动液压缸有足够的、合理的夹紧行程储备量。

3. 卡盘

图 4-12 所示为数控车床上采用的一种液压驱动动力自定心卡盘，卡盘 3 用螺钉固定在主轴前端（短锥定位），液压缸 5 固定在主轴后端，改变液压缸左、右腔的通油状态，活塞杆 4 带动卡盘内的驱动爪 1，驱动卡爪 2 夹紧或松开工件，并通过行程开关 6 和 7 发出相应信号。

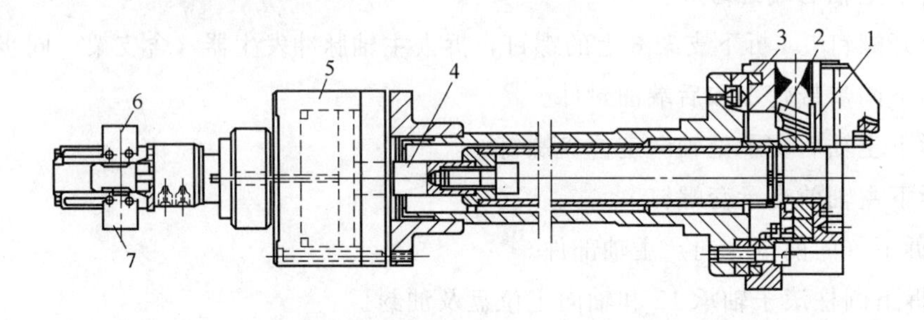

图 4-12　液压驱动动力自定心夹盘

1—驱动爪；2—卡爪；3—号盘；4—活塞杆；

5—液压；6,7—行程开关

任务五 数控铣床主轴部件的结构与调整

一、主轴部件结构

图 4-13 是数控铣床主轴部件结构图。该机床主轴可做轴向运动，主轴的轴向运动坐标为数控装置中的 z 轴，轴向运动由直流伺服电动机 16，经同步齿形带轮 13、15，同步带 14，带动丝杠 17 转动，通过丝杠螺母 7 和螺母支承 10 使主轴套筒 6 带动主轴 5 做轴向运动，同时也带动脉冲编码器 12，发出反馈脉冲信号进行控制。

主轴为实心轴，上端为花键，通过花键套 11 与变速箱连接，带动主轴旋转，主轴前端采用两个特轻系列角接触球轴承 1 支承，两个轴承背靠背安装，通过轴承内圈隔套 2，外圈隔套 3 和主轴台阶与主轴轴向定位，用圆螺母 4 预紧，消除轴承轴向间隙和径向间隙。后端采用深沟球轴承，与前端组成一个相对于套筒的双支点单固式支承。主轴前端锥孔为 7：24 锥度，用于刀柄定位。主轴前端端面键，用于传递铣削转矩。快换夹头 18 用于快速松开、夹紧刀具。

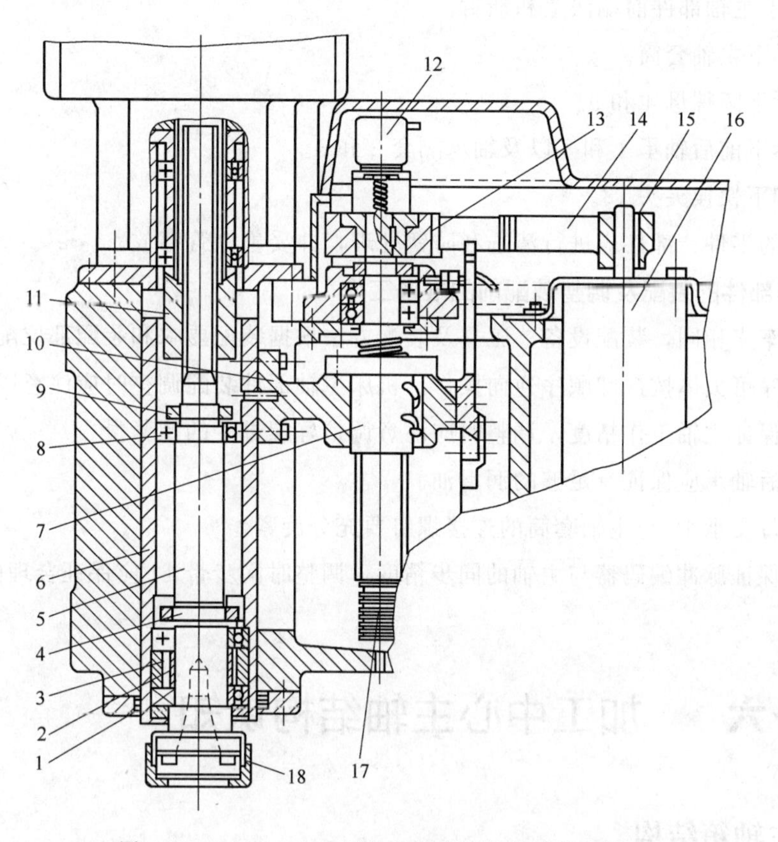

图 4-13 5 NT-J320A 型数控铣床主轴部件结构图

1—角接触球轴承；2,3—轴承隔套；4,9—圆螺母；5—主轴；6—主轴套筒；7—丝杠螺母；8—深沟球轴承；10—螺母支承；11—花键套；12—脉冲编码；13,15—同步齿形带；14—同步带；16—伺服电动机；17—丝杠；18—快换夹头

二、主轴部件的拆卸与调整

1. 主轴部件的拆卸

主轴部件维修拆卸前的准备工作与前述数控车床主轴部件拆卸准备工作相同。在准备就绪后，即可进行如下顺序的拆卸工作。

（1）切断总电源及脉冲编码器 12 以及主轴电动机等电器的线路。

（2）拆下电动机法兰盘连接螺钉。

（3）拆下主轴电动机及花键套 11 等部件（根据具体情况，也可不拆此部分）。

（4）拆下罩壳螺钉，卸掉上罩壳。

（5）拆下丝杠座螺钉。

（6）拆下螺母支承 10 与主轴套筒 6 的连接螺钉。

（7）向左移动丝杠 17 和螺母支承 10 等部件，卸下同步带 14 和螺母支承 10 处与主轴套筒连接的定位销。

（8）卸下主轴部件。

(9) 拆下主轴部件前端法兰和油封。

(10) 拆下主轴套筒。

(11) 拆下圆螺母 4 和 9。

(12) 拆下前后轴承 1 和 8 以及轴承隔套 2 和 3。

(13) 卸下快换夹头 18。

拆卸后的零件、部件应进行清选和防锈处理，并妥善保管存放。

2. 主轴部件的装配及调整装配前的准备工作

与前述车床相同，装配设备、工具及装配方法根据装配要求和装配部位配合性质选取。

装配顺序可大体按拆卸顺序逆向操作。机床主轴部件装配调整时应注意以下几点。

(1) 为保证主轴工作精度，调整时应注意调整好螺母 4 的预紧量。

(2) 前后轴承应保证有足够的润滑油。

(3) 螺母支承 10 与主轴套筒的连接螺钉要充分旋紧。

(4) 为保证脉冲编码器与主轴的同步精度，调整时同步带 14 应保证合理的张紧量。

任务六 ▶▶ 加工中心主轴结构认知

一、主轴箱结构

MJ-50 数控车床主轴箱结构如图 4-14 所示。主轴电动机通过带轮 15 将运动传给主轴 7。

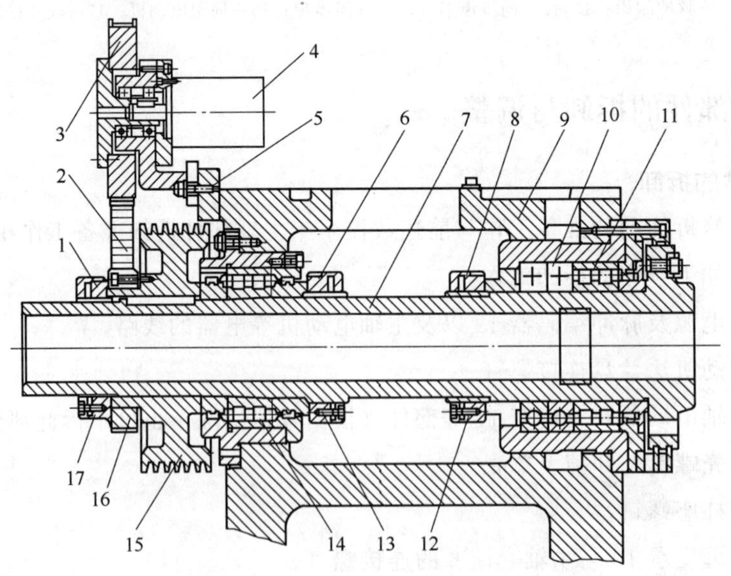

图 4-14 MJ-50 数控车床主轴箱结构简图

1,6,8—螺母；2—同步带；3,16—同步带轮；4—脉冲编码器；5,12,13,17—螺钉；7—主轴；9—主轴箱体；10—角接触球轴承；11,14—双列圆柱滚子轴承；15—带轮主轴有前、后两个支承，前支承由一个圆锥孔双列圆柱滚子轴承11和一对角接触球轴承10组成，轴承11用来承受径向载荷，两个角接触球轴承用来承受双向轴向载荷和径向载荷。前支承轴承的间隙用螺母8来调整，螺钉12用来防止螺母8回松。主轴的后支承为双列圆柱滚子轴承14，其轴承间隙由螺母1和6来调整。螺钉17和13是分别用来防止螺母1和6回松的。主轴的支承形式为前端定位，主轴受热膨胀向后伸长。前、后支承所用双列圆柱滚子轴承的支承刚性好，允许的极限转速高。前支承中的角接触球轴承能承受较大的轴向载荷，且允许的极限转速高。主轴所采用的支承结构适应高速大载荷的需要。主轴的运动经过同步带轮16和3以及同步带2带动脉冲编码器，使其与主轴同速运转。脉冲编码器用螺钉5固定在主轴箱体9上。

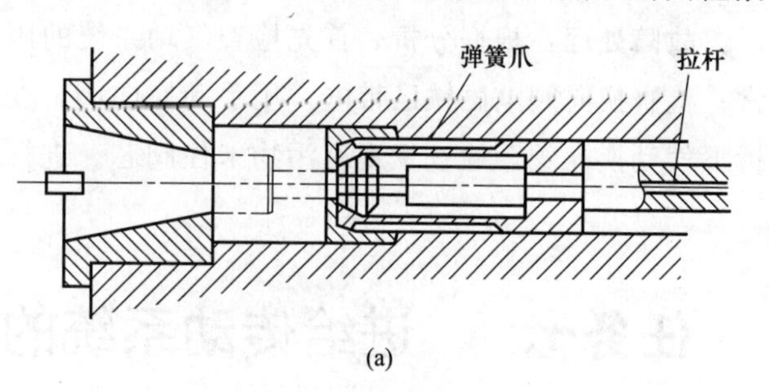

(a)

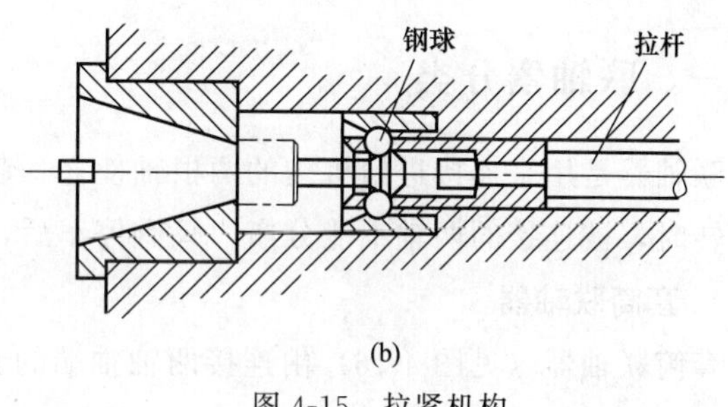

(b)

图4-15 拉紧机构

二、刀柄拉紧机构

图4-15（a）所示的弹簧夹头结构，它有拉力放大作用，可用较小的液压推力产生较大的拉紧力。图4-15（b）为钢球拉紧结构。

三、主传动链故障诊断

主传动链常见故障诊断及维修方法自学。

四、检修实例

【例4-1】 开机后主轴不转动的故障排除

故障现象：开机后主轴不转动。

故障分析：检查电动机情况良好，传动键没有损坏；调整V带松紧程度，主轴仍无法转动；检查测量电磁制动器的接线和线圈均正常，拆下制动器发现弹簧和摩擦盘也完好；拆下传动轴发现轴承因缺乏润滑而烧毁，将其拆下，手盘转动主轴正常。

故障处理：换上轴承重新装上主轴转动正常，但因主轴制动时间较长，还需调整摩擦盘和衔铁之间的间隙。具体做法是先松开螺母，均匀地调整4个螺钉，使衔铁向上移动，将衔铁和摩擦盘间隙调至1mm之后，用螺母将其锁紧后再试车，主轴制动迅速，故障排除。

【例4-2】 孔加工时表面粗糙度值太大的故障维修

故障现象：零件孔加工时表面粗糙度值太大，无法使用。

故障分析：此故障的主要原因是主轴轴承的精度降低或间隙增大。

故障处理：调整轴承的预紧量。经几次调试，主轴恢复了精度，加工孔的表面粗糙度也达到了要求。

【例 4-3】 变速无法实现的故障检修

故障现象：TH5840 立式加工中心换挡变速时，变速气缸不动作，无法变速。

故障分析：变速气缸不动作的原因有：①气动系统压力太低或流量不足；②气动换向阀未得电或换向阀有故障；③变速气缸有故障。

故障处理：根据分析，首先检查气动系统的压力，压力表显示气压为 0.6MPa，压力正常；检查换向阀电磁铁已带电，用手动换向阀，变速气缸动作，故判定气动换向阀有故障。拆下气动换向阀，检查发现有污物卡住阀芯。进行清洗后，重新装好，故障排除。

任务七 进给传动系统的装调与维修

一、联轴器分类

联轴器是用来连接进给机构的两根轴使之一起回转，以传递扭矩和运动的一种装置。机器运转时，被连接的两轴不能分离，只有停车后，将联轴器拆开，两轴才能脱开。

1. 套筒联轴器

套筒联轴器（见图 4-16）由连接两轴轴端的套筒和连接套筒与轴的连接件（键或销钉）所组成，一般当轴端直径 $d \leqslant 80$mm 时，套筒用 35 或 45 钢制造；$d > 80$mm 时，可用强度较高的铸铁制造。

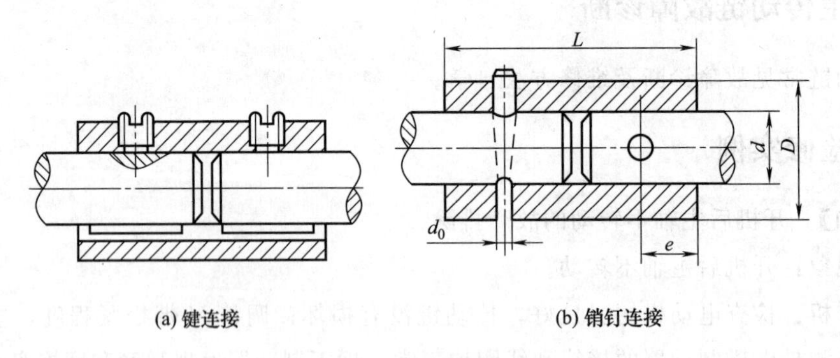

(a) 键连接　　(b) 销钉连接

图 4-16　套筒联轴器

套筒联轴器各部分尺寸间的关系如下：

套筒长 $\approx 3d$；

套筒外径 $D \approx 1.5d$；

销钉直径％$=(0.3 \sim 0.5)d$（对小联轴器取 0.3；对大联轴器取 0.25）；

销钉中心到套筒端部的距离 $e \approx 0.75d$。

此种联轴器构造简单，径向尺寸小，但其装拆困难（轴需做轴向移动）且要求两轴严格对中，不允许有径向及角度偏差，因此使用上受到一定限制。

2. 凸缘式联轴器

凸缘式联轴器是把两个带有凸缘的半联轴器分别与两轴连接，然后用螺栓把两个半联轴器连成一体，以传递动力和扭矩，见图 4-17。凸缘式联轴器有两种对中方法：一种是用一个半联轴器上的凸肩与另一个半联轴器上的凹槽相配合而对中［见图 4-17（a)］；另一种则是共同与另一部分环相配合而对中［见图 4-17（b)］。前者在装拆时轴必须做轴向移动，后者则无此缺点。连接螺栓可以采用半精制的普通螺栓，此时螺栓杆与钉孔壁间存有间隙，扭矩靠半联轴器结合面间的摩擦力来传递［见图 4-17（b)］；也可采用铰制孔用螺栓连接，此时螺栓杆与钉孔为过渡配合，靠螺栓杆承受挤压与剪切来传递扭矩［见图 4-17（a)］。凸缘式联轴器可做成带防护边的［见图 4-17（a)］或不带防护边的［见图 4-17（b)］。

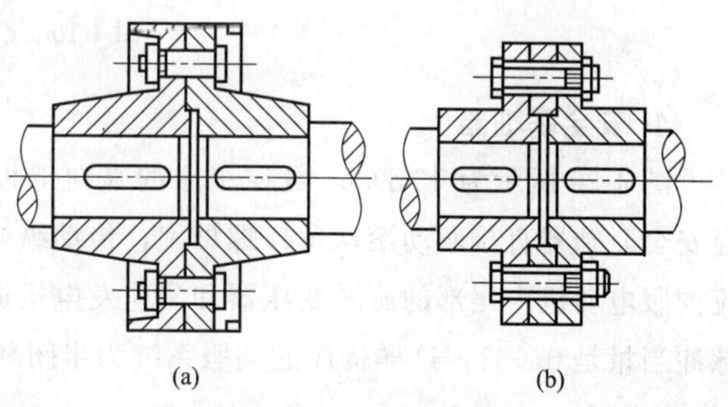

图 4-17 凸缘式联轴器

凸缘式联轴器的材料可用 HT250 或碳钢，重载时或圆周速度大于 30m/s 时应用铸钢或锻钢。

凸缘式联轴器对于所连接的两轴的对中性要求很高，当两轴间有位移与倾斜存在时，就在机件内引起附加载荷，使工作情况恶化，这是它的主要缺点。但由于其构造简单、成本低以及可传递较大扭矩，故当转速低、无冲击、轴的刚性大以及对中性较好时亦常采用。

3. 挠性联轴器

在大扭矩宽调速直流电动机及传递扭矩较大的步进电动机的传动机构中，与丝杠之间可采用直接连接的方式，这不仅可简化结构、减少噪声，而且对减少间隙、提高传动刚度也大有好处。

图 4-18 为无键锥环联轴器。弹簧片 7 分别用螺钉和球面垫圈与两边的联轴套相连，通过柔性片传递扭矩。柔性片每片厚 0.25mm，材料为不锈钢。两端的位置偏差由柔性片的变形抵消。锥环实物见图 4-19。

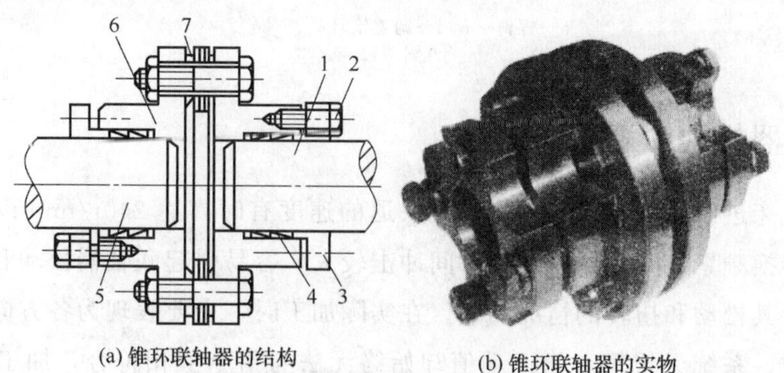

(a) 锥环联轴器的结构

(b) 锥环联轴器的实物

图 4-18 无键锥环联轴器

1—丝杠；2—螺钉；3—端盖；4—锥环；5—电动机轴；6—联轴器；7—弹簧片

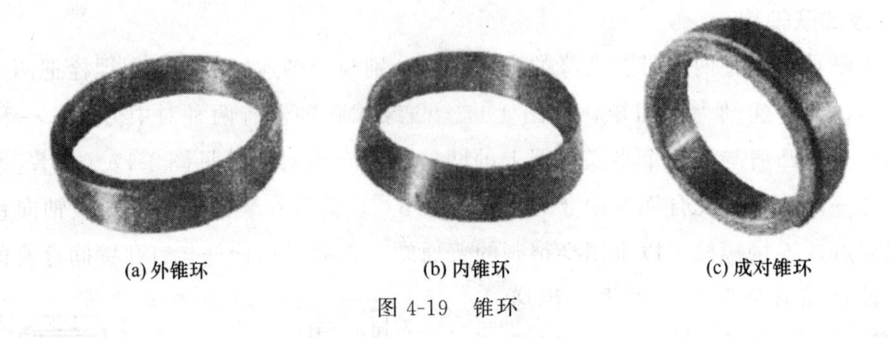

图 4-19 锥环

4. 安全联轴器

图 4-20 所示为 TND360 数控车床的纵向滑板的传动系统图。由纵向直流伺服电动机，经安全联轴器直接驱动滚珠丝杠螺母副，传动纵向滑板，使其沿床身上的纵向导轨运动，直流伺服电动机由尾部的旋转变压器和测速发电机进行位置反馈和速度反馈，纵向进给的最小脉冲当量是 0.001，这样构成的伺服系统为半闭环伺服系统。

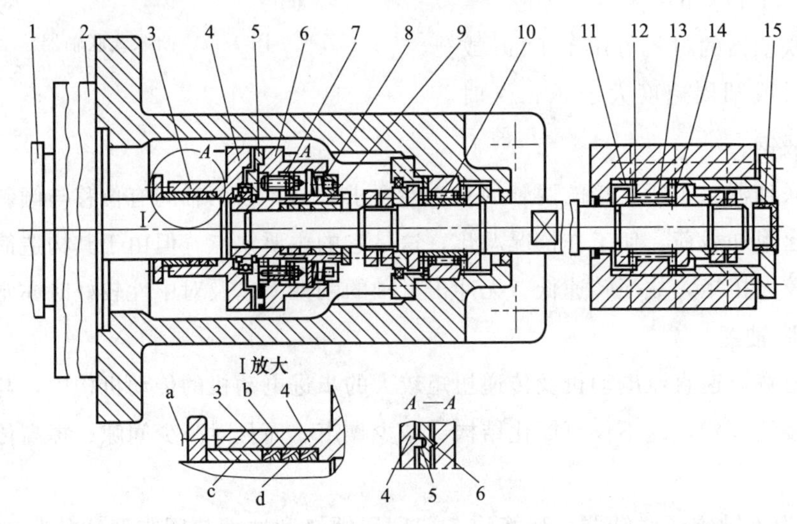

图 4-20 纵向滑板的传动系统

1—旋转变压器和测速发电机；2—直流伺服电动机；3—锥环；4,6—半联轴器；5—滑块；7—钢片；8—碟形弹簧；9—套；10—滚珠丝杠；11—挡环；12～14—轴承；15—堵头；a—螺钉；b,d—调整锥环；c—隔套

二、联轴器松动的调整

由于数控机床进给速度较快，如快进、快退的速度有时高达 240r/min 以上，在整个加工过程中正反转换频繁。联轴器承受的瞬间冲击较大，容易引起联轴器松动和扭转，随着使用时间的增长，其松动和扭转的情况加剧。在实际加工时，主要表现为各方向运动正常、编码器反馈也正常、系统无报警，而运动值却始终无法与指令值相符合，加工误差值越来越大，甚至造成加工的零件报废。出现这种情况时，建议检查调整一下联轴器。

联轴器按结构可分为刚性联轴器和挠性联轴器两种形式，可按其结构分别加以调整。

1. 刚性联轴器

刚性联轴器目前主要采用联轴套加锥销的连接方法，而且大多进给电动机轴上都备有平键。这种连接使用一段时间后，圆锥销开始松动，键槽侧面间隙逐渐增大，有时甚至引起锥销脱落，造成零件加工尺寸不稳定。解决的方法有两种。

（1）采用特制的小头带螺纹的圆锥销，用螺母加弹性垫圈锁紧，防止圆锥销因快速转换而引起松动。该方法能很好地解决圆锥销松动的问题，同时也减轻了平键所承受的扭矩。当然，这种方法因圆锥销小头有螺母，必须确保联轴器有一定的回转空间。

（2）采用两只一大一小的弹性销取代圆锥销连接，这种方法虽然没有圆锥销的连接方法精度高，但能很好地解决圆锥销松动问题，弹性销具有一定的弹性，能分解部分平键承受的扭矩，而且结构紧凑，装配也十分方便。经常在维修中应用，效果很好。但装配时要注意，大小弹性销要求互成 180°装配，否则会影响零件加工的精度。

2. 挠性联轴器

挠性联轴器装配时很难把握锥套是否锁紧，如果锥形套胀开后摩擦力不足，就使丝杠轴头与电动机轴头之间产生相对滑移扭转，造成数控机床工作运行中，被加工零件的尺寸呈现有规律的逐渐变化（由小变大或由大变小），每次的变化值基本上是恒定的。如果调整机床快速进给速度后，这个变化量也会起变化，此时 CNC 系统并不报警，因为电动机转动是正常的，编码器的反馈也是正常的。一旦机床出现这种情况，单靠拧紧两端螺钉的方法不一定奏效。解决方法是设法锁紧联轴器的弹性锥形套，若锥形套过松，可将锥形套轴向切开一条缝，拧紧两端的螺钉后，就能彻底消除故障。

注意：电动机和滚珠丝杠连接用的联轴器松动或联轴器本身的缺陷，如裂纹等，会造成滚珠丝杠转动与伺服电动机的转动不同步，从而使进给运动忽快忽慢，产生爬行现象。

【例 4-4】 电动机联轴器松动的故障维修

故障现象：某半闭环控制数控车床运行时，被加工零件径向尺寸呈忽大忽小的变化。

故障分析：检查控制系统及加工程序均正常，进一步检查传动链，发现伺服电动机与丝杠连接处的联轴器紧固螺钉松动，使电动机与丝杠产生相对运动。由于机床是半闭环控制，机械传动部分误差无法得到修正，从而导致零件尺寸不稳定。

故障处理：紧固电动机与丝杠联轴器紧固螺钉后，故障排除。

三、齿轮传动副的调整

在数控设备的进给驱动系统中，考虑到惯量、转矩或脉冲当量的要求，有时要在电动机到丝杠之间加入齿轮传动副，而齿轮等传动副存在的间隙，会使进给运动反向滞后于指令信号，造成反向死区而影响其传动精度和系统的稳定性。因此，为了提高进给系统的传动精度，必须消除齿轮副的间隙。下面介绍几种实践中常用的齿轮间隙消除结构形式。

1. 直齿圆柱齿轮传动副

（1）偏心套调整法。图 4-21 所示为偏心套消隙结构。电动机 1 通过偏心套 2 安装到机床壳体上，通过转动偏心套 2，就可以调整两齿轮的中心距，从而消除齿侧的间隙。

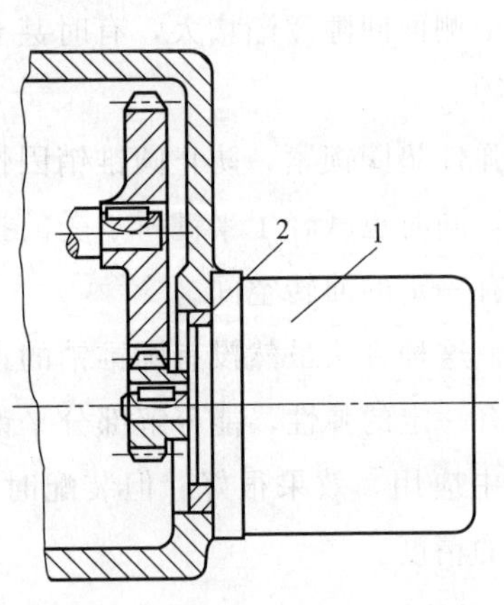

图 4-21 偏心套式消除间隙结构

1—电动机；2—偏心套

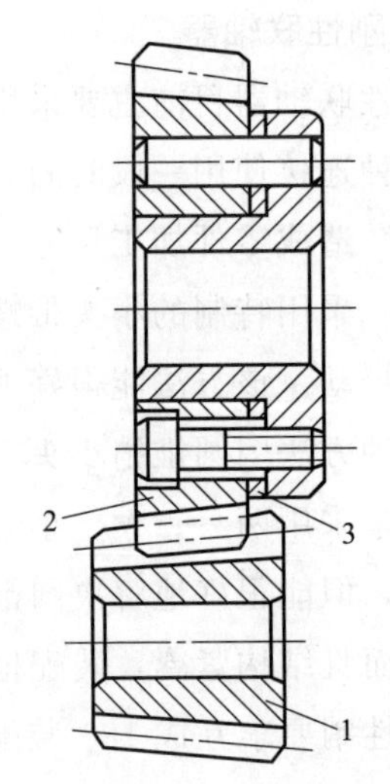

图 4-22 锥度齿轮的消除间隙结构

1,2—齿轮；3—垫片

（2）锥度齿轮调整法。齿轮 1 和 2 啮合时，将假想的分度圆柱面改变成带有小锥度的圆锥面，使其齿厚在齿轮的轴向稍有变化。调整时，只要改变垫片 3 的厚度就能调整两个齿轮的轴向相对位置，从而消除齿侧间隙。如图 4-22 所示。

以上两种方法的特点是结构简单，能传递较大扭矩，传动刚度较好，但齿侧间隙调整后不能自动补偿，又称为刚性调整法。

（3）双片齿轮错齿调整法。图 4-23（a）是双片齿轮同向可调弹簧错齿消隙结构。两个相同齿数的薄片齿轮 1 和 2 与另一个宽齿轮啮合，两薄片齿轮可相对回转。在两个薄片齿轮 1 和 2 的端面均匀分布着四个螺孔，分别装上凸耳 3 和 8。齿轮 1 的端面还有另外四个通孔，凸耳 8 可以在其中穿过，弹簧 4 的两端分别钩在凸耳 3 和调节螺钉 7 上。通过螺母 5 调节弹簧 4 的拉力，调节完后用螺母 6 锁紧。弹簧的拉力使薄片齿轮错位，即两个薄片齿轮的左右齿面分别贴在宽齿轮齿槽的左右齿面上，从而消除了齿侧间隙。

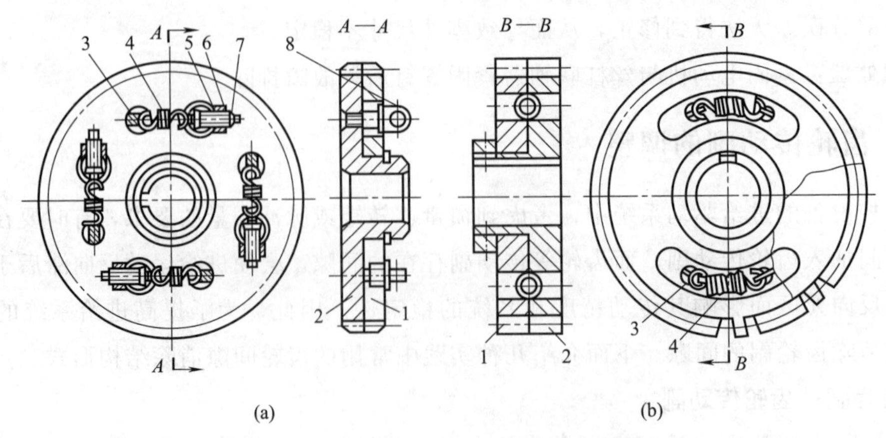

图 4-23 双片齿轮周向弹簧错齿消隙结构

1,2—薄片齿轮；3,8—凸耳或短柱；4—弹簧；5,6—螺母；7—螺钉

图 4-23（b）是另一种双片齿轮同向弹簧错齿消隙结构，两片薄片齿轮 1 和 2 套装在一起，每片齿轮各开有两条同向通槽，在齿轮的端面上装有短柱 3，用来安装弹簧 4。装配时使弹簧 4 具有足够的拉力，使两个薄片齿轮的左右面分别与宽齿轮的左右面贴紧，以消除齿侧间隙。

双片齿轮错齿法调整间隙，在齿轮传动时，由于正向和反向旋转分别只有一片齿轮承受转矩，因此承载能力受到限制，并有弹簧的拉力要足以能克服最大转矩，否则起不到消隙作用，称为柔性调整法。适用于负荷不大的传动装置中。

这种结构装配好后齿侧间隙自动消除（补偿），可始终保持无间隙啮合，是一种常用的无间隙齿轮传动结构。

2. 斜齿圆柱齿轮传动副

（1）轴向垫片调整法。图 4-24 为斜齿轮垫片调整法，其原理与错齿调整法相同。斜齿 1 和 2 的齿形拼装在一起加工，装配时在两薄片齿轮间装入已知厚度为 f 的垫片 3，这样它的螺旋便错开了，使两薄片齿轮分别与宽齿轮 4 的左、右齿面贴紧，消除了间隙。

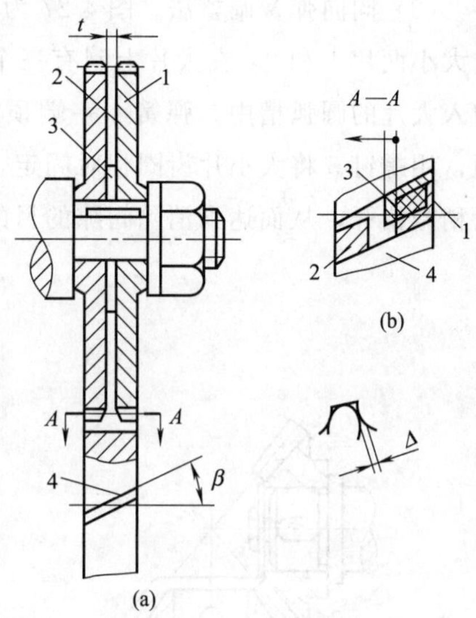

图 4-24　斜齿轮垫片调整法

1，2—薄片齿轮；3—垫片；4—宽齿轮

垫片厚度一般由测试法确定，往往要经几次修磨才能调整好。这种结构的齿轮承载能力较小，且不能自动补偿消除间隙。

（2）轴向压簧调整法。图 4-25 是斜齿轮轴向压簧错齿消隙结构。该结构消隙原理与轴向垫片调整法相似，所不同的是利用齿轮 2 右面的弹簧压力使两个薄片齿轮的左右齿面分别与宽齿轮的左右齿面贴紧，以消除齿侧间隙。图 4-25（a）采用的是压簧，图 4-25（b）采用的是碟形弹簧。

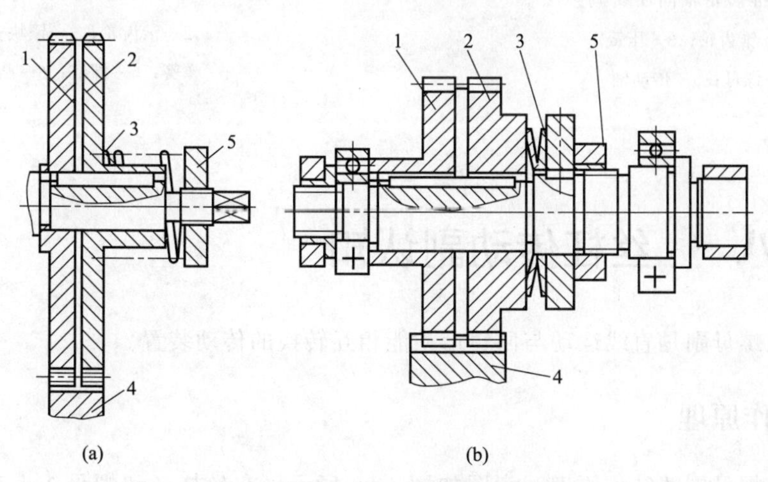

图 4-25　斜齿轮轴向压簧错齿消隙结构

1，2—薄片齿轮；3—弹簧；4—宽齿轮；5—螺母弹簧3的压力可利用螺母5来调整，压力的大小要调整合适，压力过大会加快齿轮磨损，压力过小达不到消隙作用。这种结构齿轮间隙能自动消除，始终保持无间隙的啮合，但它只适于负载较小的场合。并且这种结构轴向尺寸较大。

3. 锥齿轮传动副

锥齿轮同圆柱齿轮一样可用上述类似的方法来消除齿侧间隙。

(1) 轴向压簧调整法。图4-26为轴向压簧调整法。两个啮合着的锥齿轮1和2。其中在装锥齿轮1的传动轴5上装有压簧3，锥齿轮1在弹簧力的作用下可稍做轴向移动，从而消除间隙。弹簧力的大小由螺母4调节。

(2) 同向弹簧调整法。图4-27为同向弹簧调整法。将一对啮合锥齿轮中的一个齿轮做成大小两片1和2，在大片上制有三个圆弧槽，而在小片的端面上制有三个凸爪6，凸爪6伸入大片的圆弧槽中。弹簧4一端顶在凸爪6上，而另一端顶在镶块3上，为了安装的方便，用螺钉5将大小片齿圈相对固定，安装完毕之后将螺钉卸去，利用弹簧力使大小片锥齿轮稍微错开，从而达到消除间隙的目的。

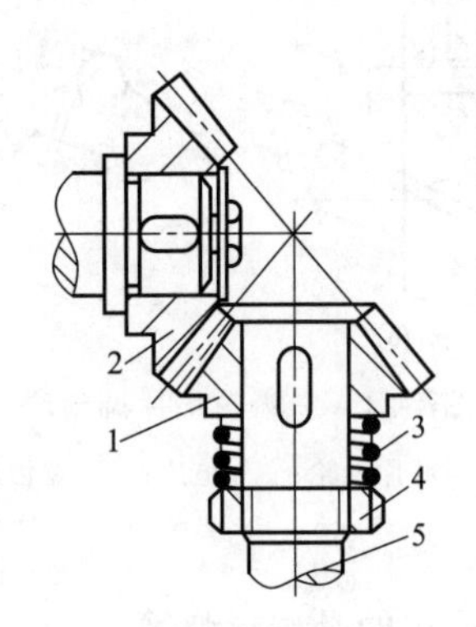

图4-26 锥齿轮轴向压簧调整法

1,2—锥齿轮；3—压簧；

4—螺母；5—传动轴

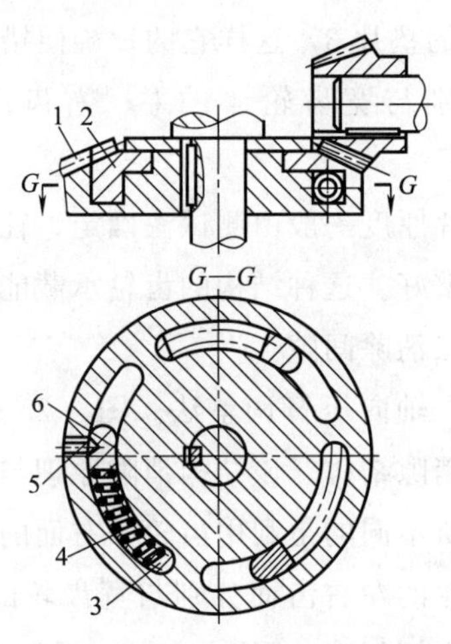

图4-27 锥齿轮同向弹簧调整法

1,2—锥齿轮；3—镶块；

4—弹簧；5—螺钉；6—凸爪

任务八 ▶▶ 丝杠传动副认知

滚珠丝杠螺母副是直线运动与回转运动能相互转换的传动装置。

一、工作原理

滚珠丝杠螺母副的结构原理示意图如图4-28所示。在丝杠3和螺母1上都有半圆弧形的螺旋槽，它们套装在一起时便形成了滚珠的螺旋滚道。螺母上有滚珠回路管道b，将几圈螺旋滚道的两端连接起来，构成封闭的循环滚道，并在滚道 a 内装满滚珠 2。当丝杠旋转时，滚珠在滚道内既自转又沿滚道循环转动，因而迫使螺母（或丝杠）轴向移动。

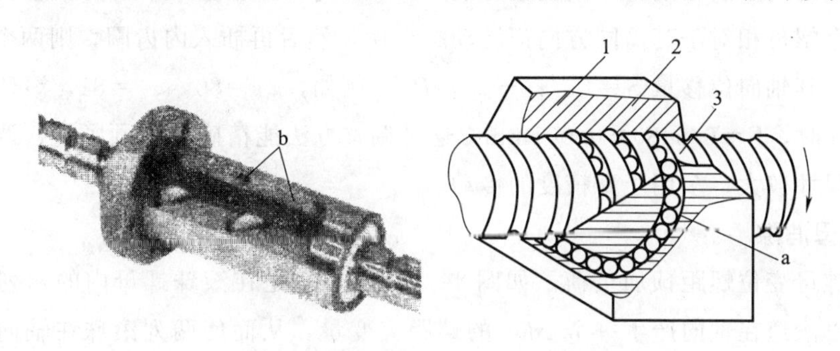

图 4-28 滚珠丝杠螺母副的结构原理

1—螺母；2—滚珠；3—丝杠

二、滚珠丝杠螺母副间隙的调整

为了保证滚珠丝杠反向传动精度和轴向刚度，必须消除滚珠丝杠螺母副轴向间隙。消除间隙的方法常采用双螺母结构，利用两个螺母的相对轴向位移，使两个滚珠螺母中的滚珠分别贴紧在螺旋滚道的两个相反的侧面上，用这种方法预紧消除轴向间隙时，应注意预紧力不宜过大（小于 1/3 最大轴向载荷），预紧力过大会使空载力矩增加，从而降低传动效率，缩短使用寿命。

1. 双螺母消隙

常用的双螺母丝杠消除间隙方法有以下几种。

（1）垫片调隙式。如图 4-29 所示，调整垫片厚度使左右两螺母产生轴向位移，即可消除间隙和产生预紧力。这种方法结构简单，但调整不便，滚道有磨损时不能随时消除间隙和进行预紧。

（2）螺纹调整式。如图 4-30 所示，螺母 1 的一端有凸缘，螺母 7 外端制有螺纹，调整时只要旋动圆螺母 6，即可消除轴向间隙并可达到产生预紧力的目的。

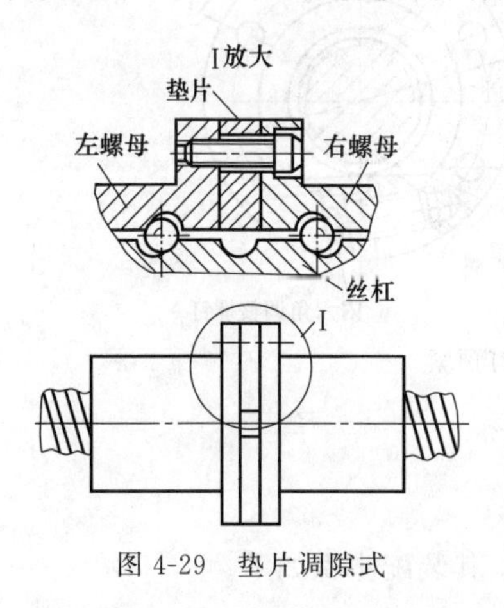

图 4-29 垫片调隙式

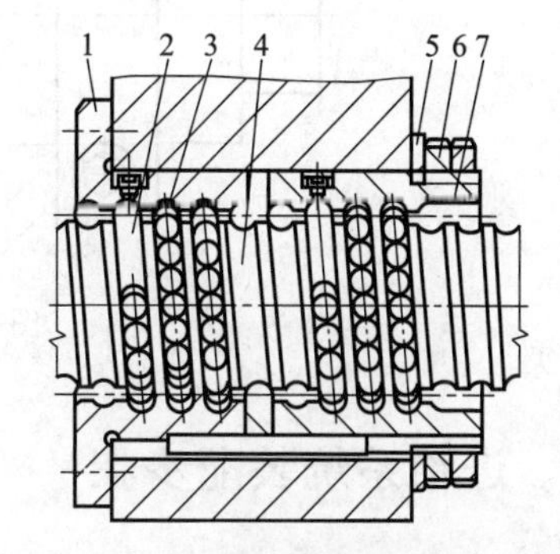

图 4-30 螺纹调整式的滚珠丝杠螺母副

1,7—螺母；2—反向器；3—钢球；4—螺杆；5—垫圈；6—圆螺母

（3）齿差调隙式。如图 4-31 所示，在两个螺母的凸缘上各制有圆柱外齿轮，分别与固紧在套筒两端的内齿圈相啮合，其齿数分别为 z_1 和 z_2，并相差一个齿。调整时，先取下内齿圈，让两个螺母相对于套筒同方向都转动一个齿，然后再插入内齿圈，则两个螺母便产生相对角位移，其轴向位移量 $S=(1/z_1-/z_2)P_n$。例如，$z_1=80$，$z_2=81$，滚珠丝杠的导程为 $P_n=6$mm 时，$S=6/6480\approx0.001$mm，这种调整方法能精确调整预紧量，调整方便、可靠，但结构尺寸较大，多用于高精度的传动。

2. 单螺母消隙

（1）单螺母变位螺距预加负荷。如图 4-32 所示，它是在滚珠螺母内的两列循环珠链之间，使内螺母滚道在轴向产生一个 ΔL_0 的螺距突变量，从而使两列滚珠在轴向错位实现预紧。这种调隙方法结构简单，但负荷量需预先设定且不能改变。

（2）单螺母螺钉预紧。如图 4-33 所示，螺母的专业生产工作完成精磨之后，沿径向开一薄槽，通过内六角调整螺钉实现间隙的调整和预紧。该技术成功地改善了开槽后滚珠在螺母中的通过性。单螺母结构不仅具有很好的性能价格比，而且间隙的调整和预紧极为方便。

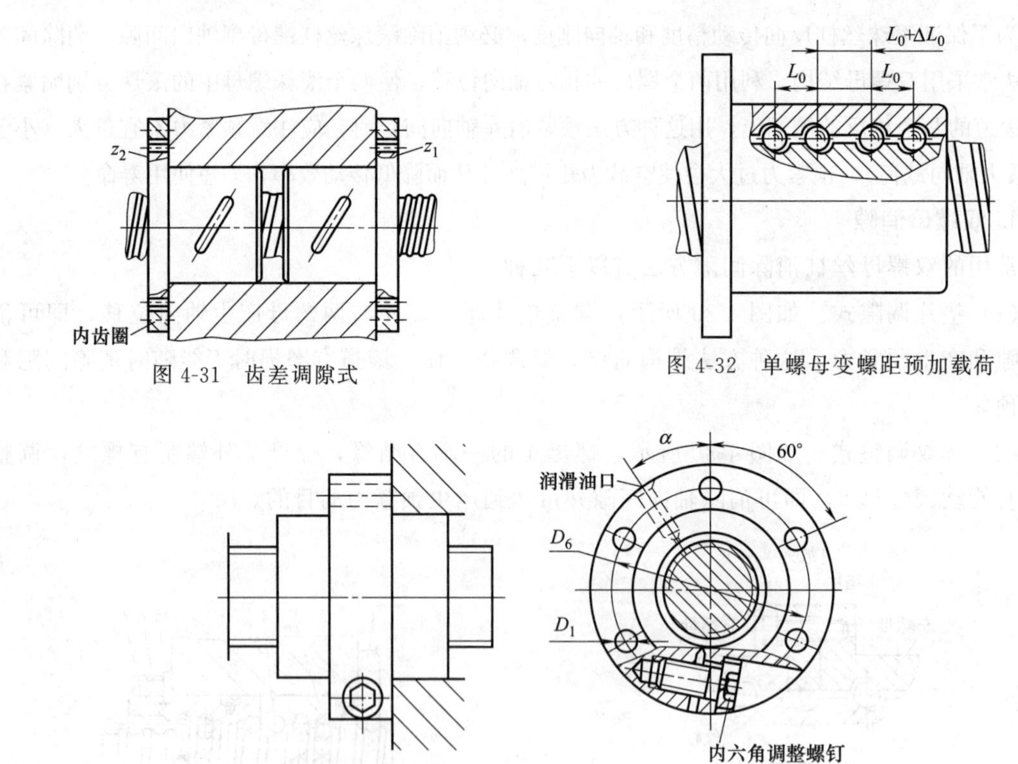

图 4-31 齿差调隙式

图 4-32 单螺母变螺距预加载荷

图 4-33 单螺母螺钉预紧

三、进给系统装配步骤

图 4-34 是 XH7132A x 向进给系统装配示意图，其装配步骤如下。

（1）按电动机座及轴承座内孔尺寸制作精密工艺检验套及检验棒。

（2）检查轴承孔对自身安装基准（导轨面）的平行度。将电动机座置于底座相应安装位

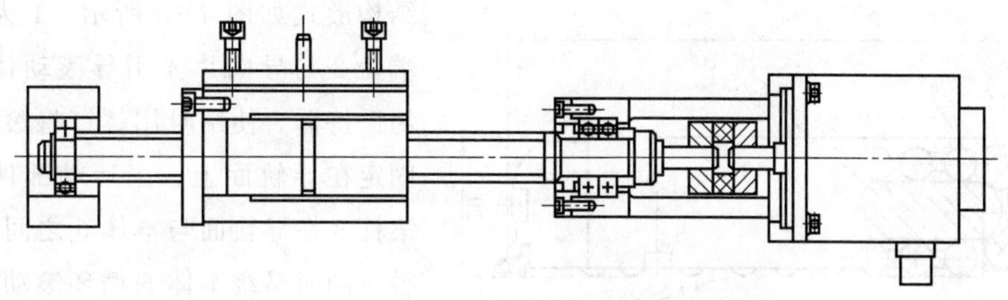

图 4-34 XH7132A x 向进给系统装配示意图

置上，穿入检验套、检验棒，将千分表磁性表座吸附在导轨滑块的过桥上，千分表测头分别抵住检验棒的上母线及侧母线，使轴承孔与导轨平行，如存在误差，刮研电动机座底面，直到达到图样要求为止。

(3) 将电动机座固定在相应安装位置，将另一端轴承座放置在安装位置，并将长检验棒同时穿入两座内孔，将千分表磁性表座吸附在导轨滑块的过桥上，千分表测头分别抵住检验棒的上母线（等高）及侧母线（平行），使轴承孔与导轨平行，如存在误差，刮研电动机座底面，直到达到图样要求为止。

(4) 将丝杠螺母座按图样要求绑定于滑座上，用研磨套对研丝杠螺母座端面，保证丝杠螺母座端面与丝杠安装孔垂直，如存在误差，刮研丝杠螺母座端面，直到达到图样要求。

(5) 刮研完成，将各检验套、检验棒取出。

(6) 将成对轴承按图样要求装入电动机座，用深度尺测量轴承压盖处的深度值，配磨压盖端面，并确保压盖两端面平行，保持小过盈的锁紧力。

(7) 将丝杠装入轴承内，将螺母锁紧。

(8) 锁紧电动机座端盖上所有螺钉。注意按交叉的锁紧顺序进行。

(9) 前端电动机座轴承安装完毕后，安装后端轴承及挡圈。

(10) 最后将丝杠螺母固定于丝杠螺母座上，检查丝杠的轴向窜动。将一钢球放于丝杠端部的中心孔处，将千分表磁性表座吸附在机床底座上，千分表测头抵住钢球，转动丝杠进行检查。

任务九 ▶▶ 数控机床用导轨认知

数控机床常用滑动导轨（包括一般滑动导轨、液体动压导轨、液体静压导轨、塑料导轨及混合摩擦导轨等）和滚动导轨两种。

滚动导轨的滚动体，可采用滚珠、滚柱、滚针。滚珠导轨的承载能力小，刚度低，适用于运动部件重量不大，切削力和颠覆力矩都较小的机床。滚柱导轨的承载能力和刚度都比滚珠导轨大，适用于载荷较大的机床，滚针导轨的特点是滚针尺寸小，结构紧凑，适用于导轨尺寸受到限制的机床，近代数控机床普遍采用一种滚动导轨支承块，已做成独立的标准部件，其特点是刚度高，承载能力大，便于拆装，可直接装在任意行程长度的运动部件上，其

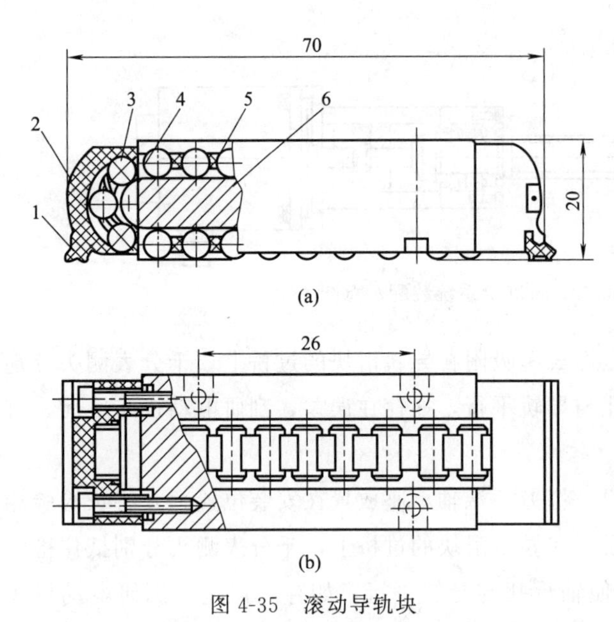

图 4-35 滚动导轨块
1—防护板；2—端盖；3—滚柱；4—导向片；5—保持器；6—本体

结构形式如图 4-35 所示。1 为防护板，端盖 2 与导向片 4 引导滚动体返回，5 为保持器。使用时用螺钉将滚动导轨块固定在导轨面上。当运动部件移动时，滚柱 3 在导轨面与本体 6 之间滚动不接触，同时又绕本体 6 循环滚动，因而该导轨面不需淬硬磨光。

一、滚动导轨的安装

直线滚动导轨的安装形式可以水平、竖直或倾斜，可以两根或多根平行安装，也可以把一根或多根短导轨接长，以适应各种行程和用途的需要。采用直线滚动导轨副，可以简化机床导轨部分的设计、制造和装配。直线滚动导轨安装基面的精度要求不太高，通常只要精铣或精刨即可。由于直线滚动导轨对误差有均化作用，故安装基面的误差不会完全反映到滑块座的运动上来，通常，滑块座的运动误差约为基面误差的 1/3。导轨及滑块座的固定通常采用以下几种方法，如图 4-36 所示。

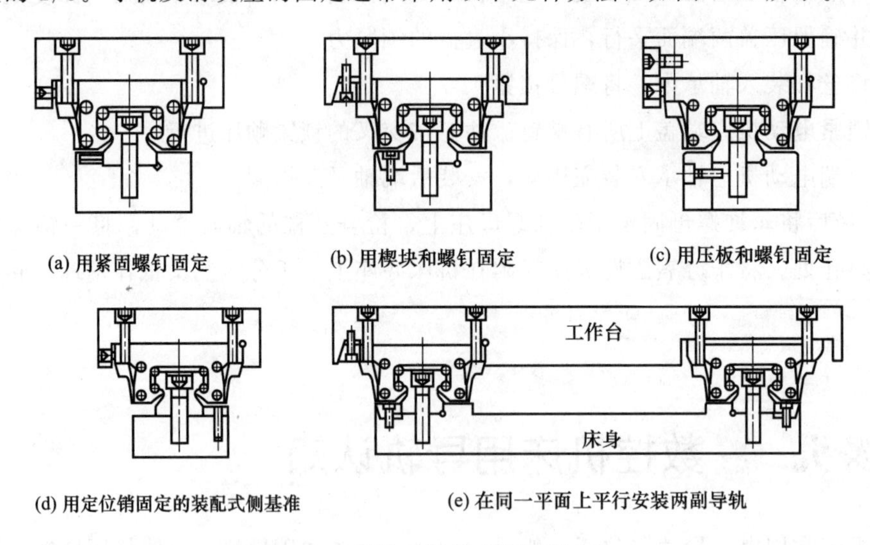

图 4-36 导轨及滑块座的固定方法

导轨和滑块座靠近床身上面经过加工的侧基面定位台阶上后，应先从另一面顶紧然后再固定。图 4-36（a）为用紧固螺钉顶紧，然后再用螺钉固定；图 4-36（b）为用楔块和螺钉固定；图 4-36（c）为用压板顶紧，也可在压板上再加紧固螺钉；4-36（d）为导轨的侧基面装配式，工艺性较好；图 4-36（e）为在同一平面内平行安装两副导轨，该方法适用于有冲击和振动，精度要求较高的场合，数控机床滚动导轨的安装，多数采用此办法。

安装前必须检查导轨是否有合格证，是否有碰伤或锈蚀；然后将防锈油清洗干净，清除装配表面的毛刺、撞击突起物及污物等；检查装配连接部位的螺栓孔是否吻合，如果发生错位而强行拧入螺栓，将会降低运行精度。

1. 直线滚动导轨安装步骤

（1）将导轨基准面紧靠机床装配表面的侧基面，对准螺孔，将导轨轻轻地用螺栓予以固定。

（2）紧固导轨侧面的顶紧装置，使导轨基准侧面紧紧靠贴床身的侧面。

（3）按表 4-3 的参考值，用力矩扳手拧紧导轨的安装螺钉（从中间开始按交叉顺序向两端拧紧）。

表 4-3 推荐的拧紧力矩

螺钉规格	M3	M4	M5	M6	M8	M10	M12	M14
拧紧力矩/N·m	1.6	3.8	7.8	11.7	28	60	100	150

2. 滑块座安装步骤

（1）将工作台置于滑块座的平面上，并对准安装螺钉孔，轻轻地压紧。

（2）紧固基准侧滑块座侧面的压紧装置，使滑块座基准侧面紧紧靠贴工作台的侧基面。

（3）按对角线顺序紧固基准侧和非基准侧滑块座上各个螺钉。安装完毕后，检查其全行程内运行是否轻便、灵活，有无爬行、阻滞现象；摩擦阻力在全行程内不应有明显的变化。达到上述要求后，检查工作台的运行直线度、平行度是否符合要求。

二、间隙调整

导轨副维护是很重要的一项工作，是保证导轨面之间具有合理的间隙。间隙过小，则摩擦阻力大，导轨磨损加剧；间隙过大，则运动失去准确性和平稳性，失去导向精度。间隙调整的方法有以下几种 。

1. 压板调整间隙

图 4-37 所示为矩形导轨常用的几种压板装置。压板用螺钉固定在动导轨上，常用钳工配合刮研及选用调整垫片、半镶条等机构，使导轨面与支承面之间的间隙均匀，达到规定的接触点数。对图 4-37（a）所示的压板结构，如间隙过大应修磨或刮研 B 面；间隙过小或压板与导轨压得过紧，可刮研或修磨 A 面。

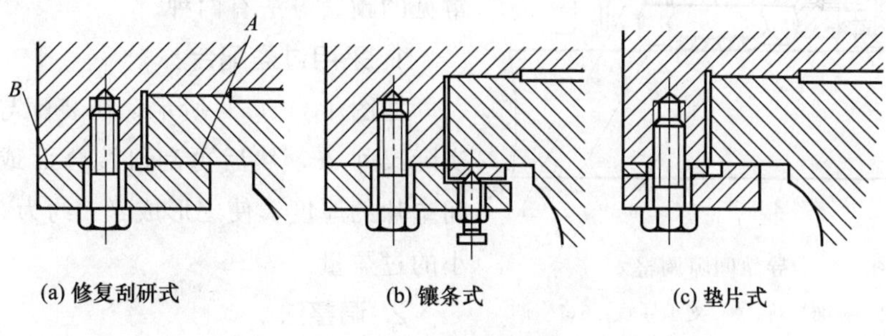

(a) 修复刮研式　(b) 镶条式　(c) 垫片式

图 4-37 压板调整间隙

2. 镶条调整间隙

图 4-38（a）是一种全长厚度相等、横截面为平行四边形（用于燕尾形导轨）或矩形的平镶条，通过侧面的螺钉调节和螺母锁紧，以其横向位移来调整间隙。由于收紧力不均匀，故在螺钉的着力点有挠曲。图 4-38（b）是一种全长厚度变化的斜镶条及一种用于斜镶条的调节螺钉，以其斜镶条的纵向位移来调整间隙。斜镶条在全长上支承，其斜度为 1∶41 或 1∶100，由于楔形的增压作用会产生过大的横向压力，因此调整时应细心。

3. 压板镶条调整间隙

如图 4-39、图 4-40 所示，T 形压板用螺钉固定在运动部件上，运动部件内侧和 T 形压板之间放置斜镶条，镶条不移动，扭动调整钉 5、7 可使楔铁 4 相对楔铁 1 运动，因而可调整滚动导轨块对支承导轨的间隙和预加载荷。

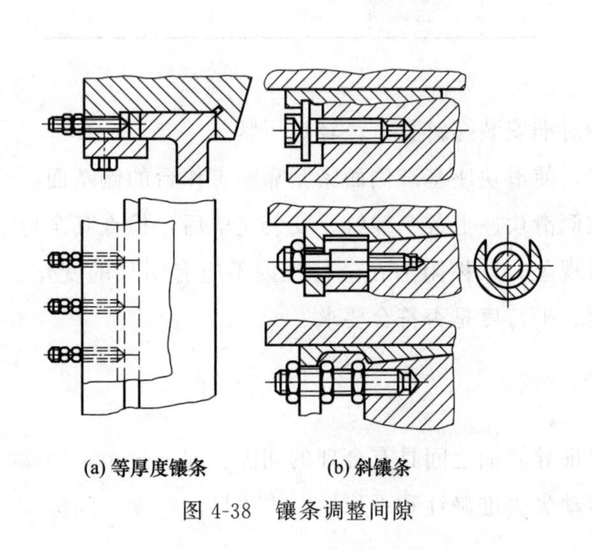

图 4-38　镶条调整间隙

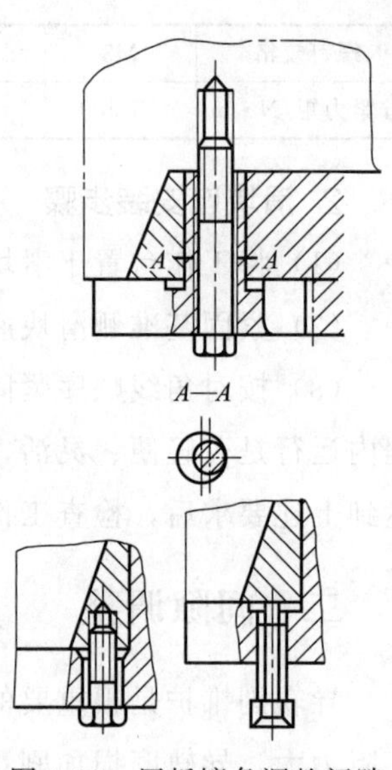

图 4-39　压板镶条调整间隙

三、滚动导轨的预紧

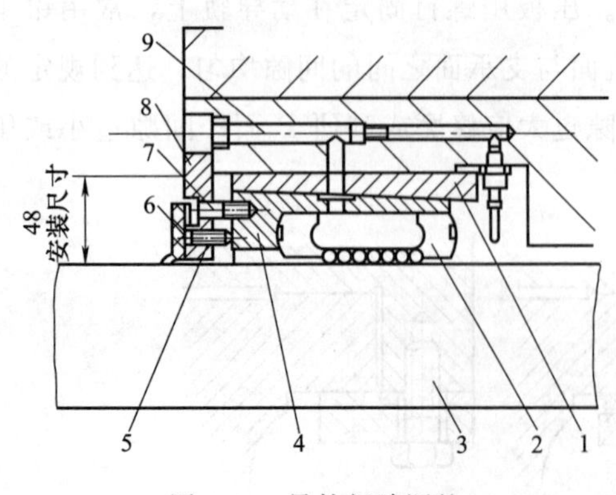

图 4-40　导轨间隙调整

1,4—楔铁；2—标准导轨；3—支承导轨；5,7—调整螺钉；6—压板；8—楔铁调整板；9—润滑油路

为了提高滚动导轨的刚度，对滚动导轨应预紧。预紧可提高接触刚度和消除间隙；在立式滚动导轨上，预紧可防止滚动体脱落和歪斜。常见的预紧方法有两种。

1. 采用过盈配合

如图 4-41（a）所示，在装配导轨时，量出实际尺寸 A，然后再刮研接合面或通过改变其间垫片的厚度，使之形成 d（约为 2～3mm）大小的过盈量。

2. 调整法

如图 4-41（b）所示拧动调整螺钉 3，即可调整导轨体 1 及 2 的距离而预加负载。也可以改用斜镶条调整，则过盈量沿导轨全长的分布较均匀。

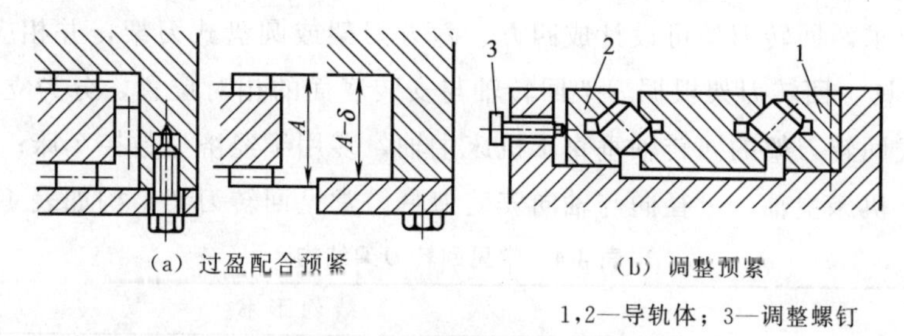

(a) 过盈配合预紧　　(b) 调整预紧

1，2—导轨体；3—调整螺钉

图 4-41　滚动导轨的预紧

四、进给系统的故障诊断与排除实例

【例 4-5】 位置偏差过大的故障排除

故障现象： 某卧式加工中心出现 ALM421 报警，即轴移动中的位置偏差量大于设定值而报警。

分析及处理过程： 该加工中心使用 FANUC 数控系统，采用闭环控制。伺服电动机和滚珠丝杠通过联轴器直接连接。根据该机床控制原理及机床传动连接方式，初步判断出现 ALM421 报警的原因是轴联轴器不良。

对 Y 轴传动系统进行检查，发现联轴器中的张紧套与丝杠连接松动，紧固 Y 轴传动系统中所有的紧定螺钉后，故障消除。

【例 4-6】 加工尺寸不稳定的故障排除

故障现象： 某加工中心运行九个月后，发生 Z 轴方向加工尺寸不稳定，尺寸超差且无规律，CRT 及伺服放大器无任何报警显示。

分析及处理过程： 该加工中心采用三菱 M3 系统，交流伺服电动机与滚珠丝杠通过联轴器直接连接。根据故障现象分析故障原因可能是联轴器连接螺钉松动，导致联轴器与滚珠丝杠或伺服电动机间产生滑动。

对 Z 轴联轴器连接进行检查，发现联轴器的 6 只紧定螺钉都出现松动。拧紧螺钉后，故障排除。

任务十 ▶▶ 自动换刀装置的装调与维修

一、刀架换刀

回转刀架是数控车床最常用的一种典型换刀刀架，是一种最简单的自动换刀装置。回转刀架上回转头各刀座用于安装或支持各种不同用途的刀具，通过回转头的旋转、分度和定位，实现机床的自动换刀。回转刀架分度准确，定位可靠，重复定位精度高，转位速度快，夹紧性好，可以保证数控车床的高精度和高效率。

根据加工要求，回转刀架可设计成四方、六方刀架或圆盘式刀架，并相应地安装 4 把、6 把或更多的刀具。回转刀架根据刀架回转轴与安装底面的相对位置，分为立式刀架和卧式刀架两种，立式回转刀架的回转轴垂直于机床主轴，多用于经济型数控车床；卧式回转刀架的回转轴平行于机床主轴，可径向与轴向安装刀具。常见回转刀架结构如表 4-4 所示。

表 4-4 常见回转刀架结构

名　称	结构形状
立式四工位刀架	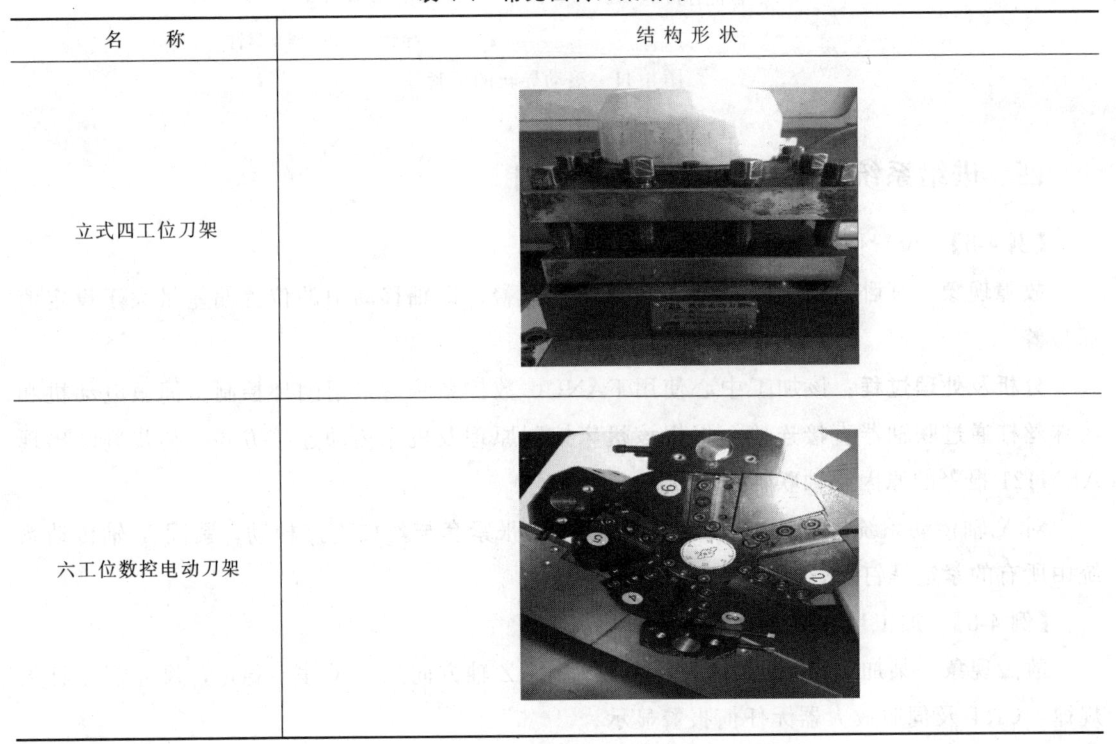
六工位数控电动刀架	

二、经济型数控车床方刀架的工作原理

经济型数控车床方刀架是在普通车床四方刀架的基础上发展的一种自动换刀装置，其功能和普通四方刀架一样：有四个刀位，能装夹四把不同功能的刀具，方刀架回转 90°时，刀具交换一个刀位，但方刀架的回转和刀位号的选择是由加工程序指令控制的。换刀时方刀架的动作顺序是：刀架抬起、刀架转位、刀架定位和夹紧。为完成上述动作要求，要有相应的机构来实现，下面就以 WZD4 型刀架为例说明其具体结构（图 4-42）。

该刀架可以安装四把不同的刀具，转位信号由加工程序指定。

该换刀指令发出后，小型电动机启动正转，通过平键套筒联轴器 2 使蜗杆轴 3 转动，从而带动蜗轮 4 转动（蜗轮的上部外圆柱加工有外螺纹，所以该零件称蜗轮丝杠）。刀架体 7 内孔加工有内螺纹，与蜗轮丝杠旋合。蜗轮丝杠内孔与刀架中心轴外圆是滑配合，在转位换刀时，中心轴固定不动，蜗轮丝杠环绕中心轴旋转。当蜗轮开始转动时，由于在刀架底座 5 和刀架体 7 上的端面齿处在啮合状态，且蜗轮丝杠轴向固定，这时刀架体 7 抬起。当刀架体

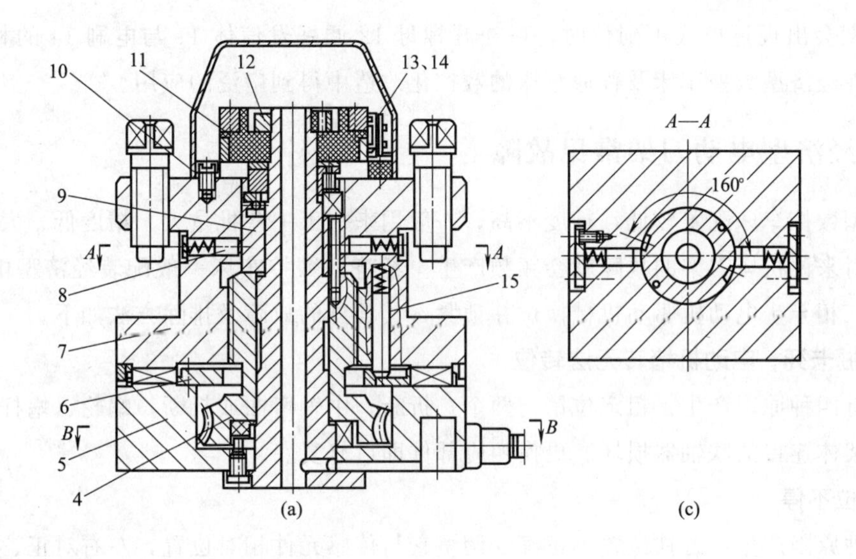

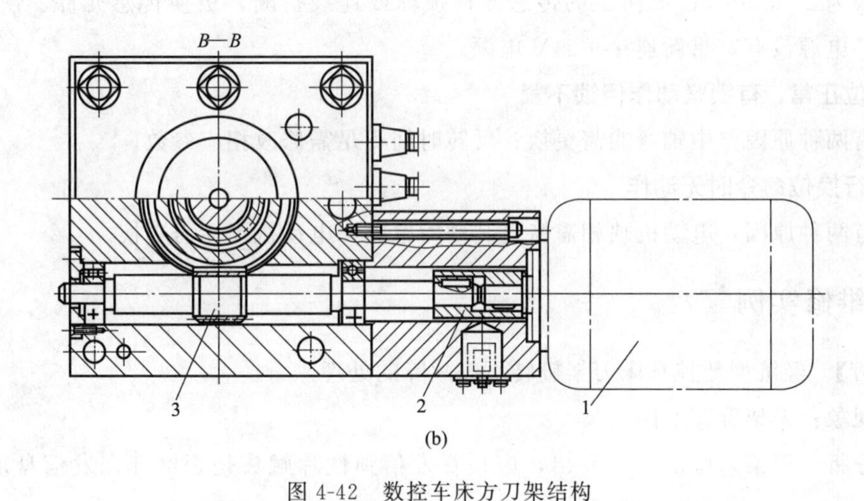

图 4-42 数控车床方刀架结构

1—电动机；2—联轴器；3—蜗杆轴；4—蜗轮丝杠；5—刀架底座；6—粗定位盘；7—刀架体；
8—球头销；9—转位套；10—电刷座；11—发信体；12—螺母；
13,14—电刷；15—粗定位销

抬至一定距离后，端面齿脱开。转位套 9 用销钉与蜗轮丝杠 4 连接，随蜗轮丝杠一同转动，当端面齿完全脱开，转位套正好转过 160°（如图 4-42 的 A—A 剖面图所示），球头销 8 在弹簧力的作用下进入转位套 9 的槽中，带动刀架体转位。刀架体 7 转动时带着电刷座 10 转动，当转到程序指定的刀号时，定位销 15 在弹簧的作用下进入粗定位盘 6 的槽中进行粗定位，同时电刷 13、14 接触导通，使电动机 1 反转，由于粗定位槽的限制，刀架体 7 不能转动，使其在该位置垂直落下，刀架体 7 和刀架底座 5 上的端面齿啮合，实现精确定位。电动机继续反转，此时蜗轮停止转动，蜗杆轴 3 继续转动，随夹紧力增加，转矩不断增大，达到一定值时，在传感器的控制下，电动机 1 停止转动。

译码装置由发信体 11、电刷 13、14 组成，电刷 13 负责发信，电刷 14 负责位置判断。

刀架不定期会出现过位或不到位时，可松开螺母 12 调好发信体 11 与电刷 14 的相对位置。这种刀架在经济型数控车床及普通车床的数控化改造中得到广泛的应用。

三、经济型电动刀架常见故障

经济型数控车床配置较低，精度不高，一般用来加工一些批量大、精度低、大切削量的工件，相对来说机床刀架的故障就会频频产生。经济型数控车床一般配装经济型电动刀架，它是普通三相异步电动机驱动机械换位并锁紧，其常见的故障及排除方法如下。

1. 机械卡死，电动机堵转无法转位

大致有四种原因产生：粗定位销（两个）折断，中轴弯曲或折断，蜗轮、蜗杆损坏，电动机与刀架体连接的联轴器损坏。更换相应部件即可修复。

2. 转位不停

有多种原因产生：磁铁位置不正确，调整它与传感元件相对位置，左右对正、前后距离适中（一般为 2～3mm）；被换位的传感元件损坏或连线折断，更换传感元件、恢复连线；刀架＋24V 电源没有，重新连接＋24V 电源。

3. 换位正常，有锁紧动作但锁不紧

大致有两种原因：中轴弯曲需更换；反转时间不足需修改相应参数。

4. 执行换位命令时无动作

大致有两种原因：电动机缺相需恢复其动力电路；电动机损坏需更换。

四、维修实例

【例 4-7】 经济型数控车床刀架旋转不停故障的处理

故障现象： 刀架旋转不停。

故障分析： 刀架刀位信号没发出，应检查发信弹性片触头是否磨坏，发信盘地线是否断路。

故障排除： 更换弹性片触头或调整发信盘地线。

【例 4-8】 经济型数控车床刀架越位故障的处理

故障现象： 刀架越位。

故障分析： 反向定位销不起作用。应检查反向定位销是否灵活，弹簧是否疲劳；反靠棘轮与螺杆连接销是否折断；使用的刀具是否太长。

故障排除： 针对检查的具体原因给予排除。

【例 4-9】 经济型数控车床刀架转不到位故障的处理

故障现象： 刀架转不到位。

故障分析： 发讯盘触点与弹簧片触点错位。应检查发信盘夹紧螺母是否松动。

故障排除： 重新调整发信盘与弹簧片触点位置，锁紧螺母。

【例 4-10】 经济型数控车床自动刀架不动故障的排除

故障现象： 刀架不动。

故障分析：造成刀架不动的原因分别如下：

① 电源无电或控制箱开关位置不对；

② 电动机相序反；

③ 夹紧力过大；

④ 机械卡死，当用 6mm 六角扳手插入蜗杆端部，顺时针转不动时，即为机械卡死。

故障排除：针对上述原因，故障处理方法如下：

① 检查电动机有无旋转现象；

② 检查电动机是否反转；

③ 可用 6mm 六角扳手插入蜗杆端部，顺时针旋转，如用力可转动，但下次夹紧后仍不能启动，则可将电动机夹紧电流按说明书稍调小；

④ 观察夹紧位置，检查反向定位销是否在反向棘轮槽内，如定位销在反向棘轮槽内，将反向棘轮与蜗杆连接销孔回转一个角度重新打孔连接；检查主轴螺母是否锁死，如螺母锁死应重新调整；检查润滑情况，如因润滑不良造成旋转零件锁死，应拆开处理。

任务十一 ▸▸ 刀库与机械手换刀认知

一、换刀原理

采用机械手进行刀具交换的方式应用得最为广泛，这是因为机械手换刀有很大的灵活性，而且可以减少换刀时间。机械手的结构形式是多种多样的，因此换刀运动也有所不同。下面以卧式镗铣加工中心为例说明采用机械手换刀的工作原理。

该机床采用的是链式刀库，位于机床立柱左侧。由于刀库中存放刀具的轴线与主轴的轴线垂直，而机械手需要二个自由度。机械手沿主轴轴线的插拔刀动作由液压缸来实现；绕竖直轴 90°的摆动进行刀库与主轴间刀具的传送由液压马达实现绕水平轴旋转 180°完成刀库与轴上的夹具交换的动作，也可由液压马达实现。其换刀分解动作如图 4-43 所示。

图 4-43（a）：抓刀爪伸出，抓住刀库上的待换刀具，刀库刀座上的锁板拉开。

图 4-43（b）：机械手带着待换刀具绕竖直轴逆时针方向转 90°，与主轴轴线平行，另一个抓刀爪抓住主轴上的刀具，主轴将刀杆松开。

图 4-43（c）：机械手前移，将刀具从主轴锥孔内拔出。

图 4-43（d）：机械手绕自身水平轴转 180°，将两把刀具交换位置。

图 4-43（e）：机械手后退，将新刀具装入主轴，主轴将刀具锁住。

图 4-43（f）：抓刀爪缩回，松开主轴上的刀具。机械手竖直轴顺时针转 90°，将刀具放回刀库的相应刀座上，刀库上的锁板合上。

最后，抓刀爪缩回，松开刀库上的刀具，恢复到原始位置。

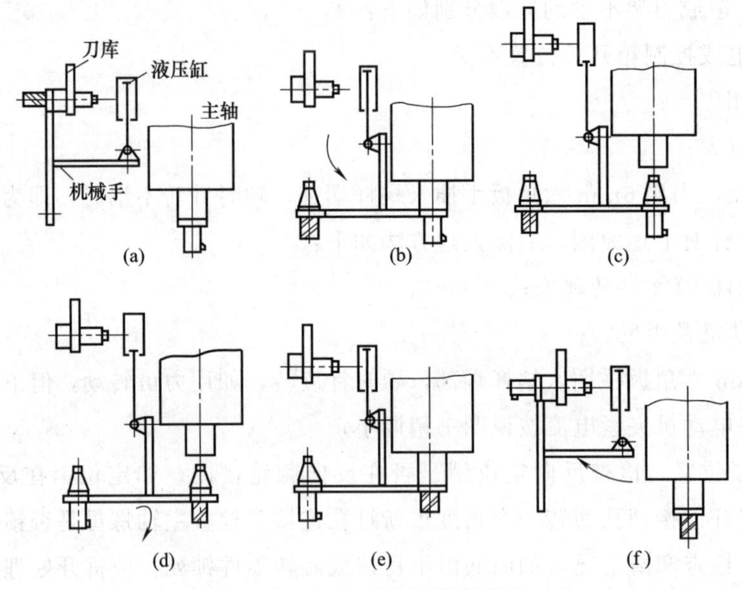

图 4-43　换刀分解动作示意图

二、刀库

刀库一般使用电动机或液压系统来提供转动动力，用刀具运动机构来保证换刀的可靠性，用定位机构来保证更换的每一把刀具或刀套都能可靠地准停。

任务十二 数控机床的辅助装置装调与维修

现代数控机床在实现整机的全自动化控制中，除数控系统外，还需要配备液压和气动装置来辅助实现整机的自动运行。所用的液压和气动装置应结构紧凑、工作可靠、易于控制和调节。它们的工作原理类似，但适用范围不同。

液压传动装置由于使用工作压力高的油性介质，因此机构输出力大，机械结构更紧凑、动作平稳可靠，易于调节和噪声较小，但要配置油泵和油箱，当油液渗漏时污染环境。气动装置的气源容易获得，若有集中气源，机床可以不必再单独配置动力源，装置结构简单，工作介质不污染环境，工作速度快和动作频率高，适合于完成频繁启动的辅助工作。过载时比较安全，不易发生过载损坏机件等事故。

一、辅助装置在机床中具有的辅助功能

（1）自动换刀所需的动作。如机械手的伸、缩、回转和摆动及刀具的松开和拉紧动作。

（2）机床运动部件的平衡。如机床主轴箱的重力平衡、刀库机械手的平衡装置等。

（3）机床运动部件的制动和离合器的控制，齿轮拨叉挂挡等。

（4）机床的润滑冷却。

（5）机床防护罩、板、门的自动开关。

二、液压系统常见故障及其诊断方法

液压系统的故障维修见表4-5。

表4-5 液压系统的故障维修

序号	故障现象	故障原因	排除方法
1	液压泵不供油或流量不足	吸油口堵塞	清除堵塞物
		叶片在转子槽内卡死	拆开液压泵修理
2	液压泵发热、油温过高	液压泵工作压力超载	调至额定压力工作
		油箱中油量不足	加油
		吸油管和系统回油管距离太近	调整油管，使工作后的油不直接进入液压泵
		摩擦引起机械损失泄漏	检查或更换零件及密封圈
		压力过高	油的黏度过大，更换液压油
3	系统及工作压力低，运动部件爬行	泄漏	检查漏油部件，修理或更换
			是否有高压腔向低压腔的内泄
			修理或更换泄漏的管、接头或阀体
4	导轨润滑不良	分油器堵塞	更换分油管
		油管破裂或渗漏	修理或更换油管
		油路堵塞	清除污物，使油路畅通
5	滚珠丝杠润滑不良	分油管不分油	检查分油器
		油管堵塞	清除污物，使油路畅通
6	尾座顶不紧或不运动	压力不足	采用压力表检查
		密封圈损坏	更换密封圈
		液压缸活塞拉毛或研损	维修或更换
		液压阀断线或卡死	重新接线或清洗、更换阀体
		套筒研损	修理或研磨部件
7	液压泵有异常噪声或压力不足	定子和叶片磨损，轴承和轴损坏	更换零件
		液压泵转速过高或液压泵装反	按规定方向安装转子
		液压泵与电动机连接的同轴度差	同轴度应控制在0.05mm内
		泵与其他机械共振	更换缓冲胶垫
		油量不足，滤油器露出油面	加油
		滤油器局部堵塞	清洗滤油器

三、数控机床典型气压故障维修实例

【例4-11】 刀柄和主轴的故障的排除

故障现象： 一立式加工中心换刀时，主轴锥孔吹气，把含有铁锈的水分吹出，并附着在主轴锥孔和刀柄上。刀柄和主轴接触不良。

分析及处理过程：立式加工中心气动控制原理图如图 4-44 所示。故障产生的原因是压缩空气中含有水分。如采用空气干燥机，使用干燥后的压缩空气问题即可解决。若受条件限制，没有空气干燥机，也可在主轴锥孔吹气的管路上进行两次分水过滤，设置自动放水装置，并对气路中相关零件进行防锈处理，故障即可排除。

【例 4-12】 松刀动作缓慢的故障维修。

故障现象：一立式加工中心换刀时，主轴松刀动作缓慢。

分析及处理过程：根据图 4-44 所示的气动控制原理图进行分析，主轴松刀动作缓慢的原因有：①气动系统压力太低或流量不足；②机床主轴拉刀系统有故障，如碟形弹簧破损等；③主轴松刀气缸有故障。

根据分析，首先检查气动系统的压力，压力表显示气压为 0.6MPa，压力正常；将机床操作转为手动，手动控制主轴松刀，发现系统压力下降明显，气缸的活塞杆缓慢伸出，故判定气缸内部漏气。拆下气缸，打开端盖，压出活塞和活塞环，发现密封环破损，气缸内壁拉毛。更换新的气缸后，故障排除。

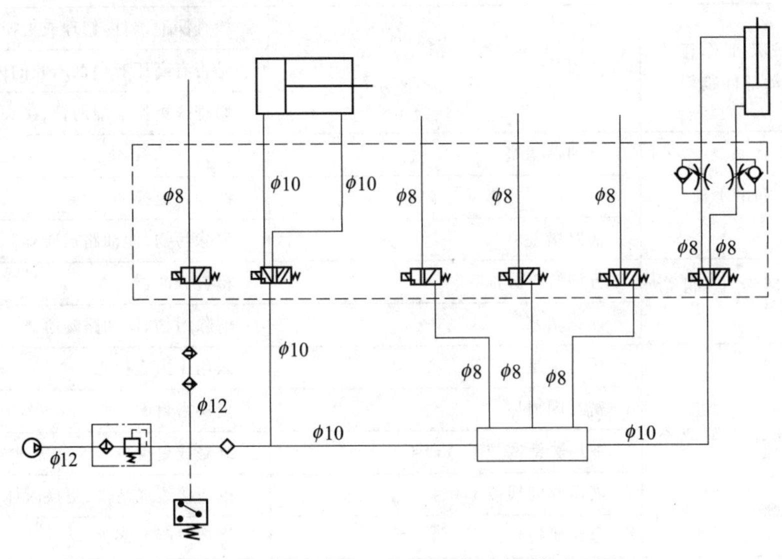

图 4-44 某立式加工中心的气动控制原理图

任务十三 ▶▶ 数控机床的润滑与冷却系统认知

一、润滑系统的种类

1. 递进式润滑系统

递进式润滑系统主要由泵站、递进片式分流器组成，并可附有控制装置加以监控。其特点是，能对任一润滑点的堵塞进行报警并终止运行，以保护设备；定量准确、压力高；不但可以使用稀油，而且还适用于使用油脂润滑的情况。润滑点可达 100 个，压力可达 21MPa。

递进式分流器由一块底板、一块端板及最少二块中间板组成。一组阀最多可有 8 块中间板，可润滑 18 个点。其工作原理是从中间板中的柱塞定位置起依次动作供油，若某一点产生堵塞，则下一个出油口就不会动作，因而整个分流器停止供油。堵塞指示器可以指示堵塞位置，便于维修。图 4-45 所示为递进式润滑系统。

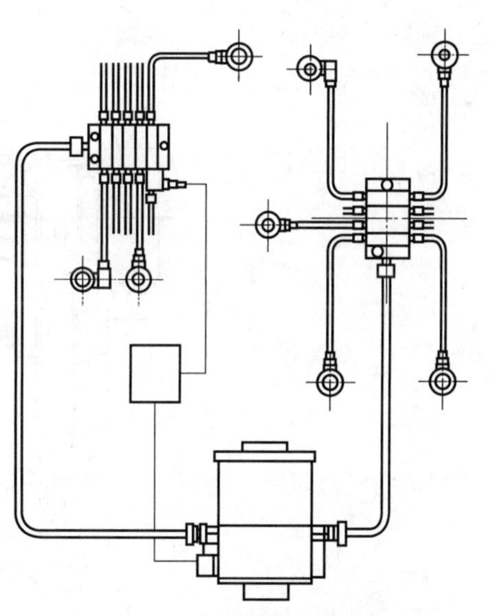

图 4-45 递进式润滑系统

2. 容积式润滑系统

系统以定量阀作为分配器向润滑点供油，在系统中配有压力继电器，使得系统油压达到预定值后发讯，使电动机延时停止，润滑油由定量分配器供给，系统通过换向阀卸荷，并保持一个最低压力，使定量阀分配器补充润滑油，电动机再次启动，重复这一过程，直至达到规定润滑时间。该系统压力一般在 50MPa 以下，润滑点可达几百个，其应用范围广、性能可靠，但不能作为连续润滑系统。图 4-46 所示为容积式润滑系统。

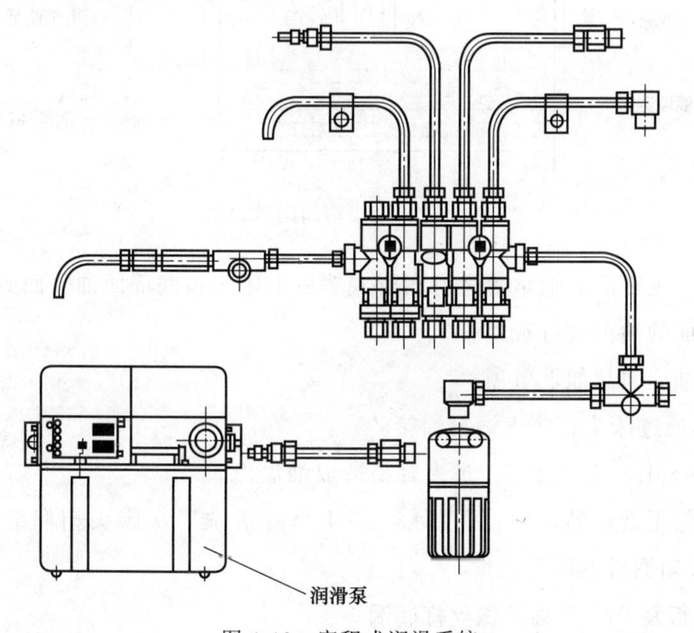

图 4-46 容积式润滑系统

二、机床的润滑系统

为了确保机床正常工作，机床所有的摩擦表面均应按规定进行充分润滑。

1. 床头箱（图 4-47）

润滑油箱及油泵放置在前床腿内，润滑油经间隙式滤油器由油泵打出至分油器，对床头

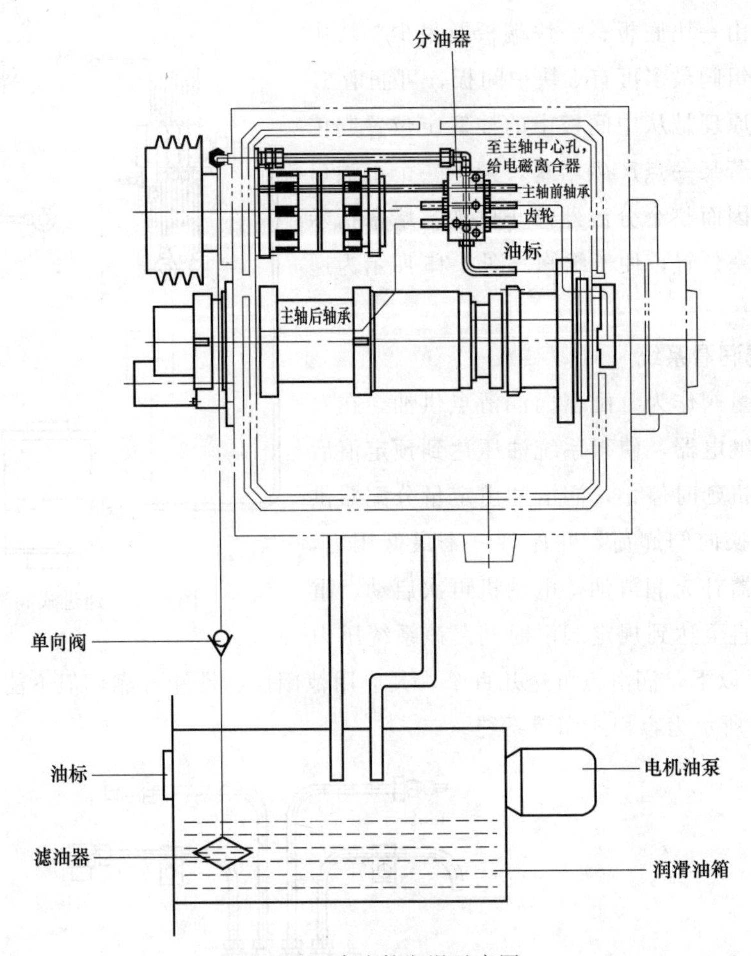

图 4-47 床头箱润滑示意图

箱内的各传动件及主轴前后轴承等进行润滑，然后由床头箱底部回油管回到油箱，供油情况可通过床头箱上面的油窗进行观察。

机床首次注油应注意如下事项：

① 润滑油是通过床头箱注入润滑油箱的。

② 注油量为 10L，不要过多，过多容易造成油溢出。

为保证机床的正常运转，建议每间隔 3～4 个月清洗一次床头箱润滑油箱（包括滤油器），以保证床头箱润滑油的清洁度。

2. 床鞍、滑板及 IV、Z 轴滚珠丝杠润滑

床鞍、滑板及 IV、Z 轴滚珠丝杠润滑，由安装在床体尾侧的集中润滑器集中供油完成的。集中润滑器每间隔 15min 打出 5.5mL 油，通过管路及轴、链件送至各润滑点。

数控车床润滑点一般有 6 个：

（1）横滑板导轨 2 个；

（2）主轴丝杠螺母 1 个；

（3）床鞍导轨 2 个；

(4) Z 轴丝杠螺母 1 个。

机床首次启动时，应先启动集中润滑器，待各油路充满油并把油送至各润滑点后，再启动机床，以后则无需先启动集中润滑器。必要时可先采用手动方式供油，方法是将润滑器手动拉杆拉至上限脱手，让活塞自行复位，即一次供油完成，注意严禁用手按压手动拉杆强行排油，以免损坏泵内机件。当集中润滑器油液处于低位时，能自动报警，此时需及时添加润滑油。

3. 双 Z 轴轴承润滑

双 Z 轴轴承采用 NBU 长效润滑脂润滑，平时不需要添加，待机床大修时再更换。

4. 尾架润滑

尾架的润滑每班应将相应的油杯注满油一次。

5. 机床用油情况

见图 4-47 所示机床润滑指示标志。

三、润滑故障的维修方法

以 X 轴导轨润滑不良故障维修为例介绍。

(1) 检查润滑单元。按自动润滑单元上面的手动按钮，压力表指示压力升高，说明润滑泵已启动，自动润滑单元正常。

(2) 检查数控系统设置的有关润滑时间和润滑间隔时间。润滑打油时间 15s，间隔时间 6s，与出厂数据对比无变化。

(3) 拆开 X 轴导轨护板，检查发现两侧导轨一侧润滑正常，另一侧明显润滑不良。

以此方法检查，可以维修多种润滑故障。

项目五

数控机床装调维修案例

任务一 ▸▸ CJK6032 数控车床装调维修

一、CJK6032 数控车床规格技术参数（见表 5-1）

表 5-1　CJK6032 规格、参数

名　　称		单　位	参　数
床身上最大工件回转直径		mm	320
拖板上最大工件直径		mm	164
最大工件长度		mm	500 或 750
主轴转速范围		r/min	100～2500 无级
主轴通孔直径		mm	39
主轴内孔锥度			莫氏 5 号
车刀刀杆最大尺寸(宽×高)		mm	20×20
工作进给最小设定单位	纵向(Z)	mm	0.01
	横向(X)	mm	0.005
刀架快移速度	纵向(Z)	m/min	3
	横向(X)	m/min	2
尾架顶尖套内孔锥度			莫氏 3 号
尾架顶尖套最大移动距离		mm	100
主电机功率		kW	3.0
纵向(Z)步进电机额定扭矩		N·m	12
横向(X)步进电机额定扭矩		N·m	6
机床外形尺寸(长×宽×高)		mm	1585/1335×830×1334
机床净重		kg	400

二、机床总图

机床总图见图 5-1。

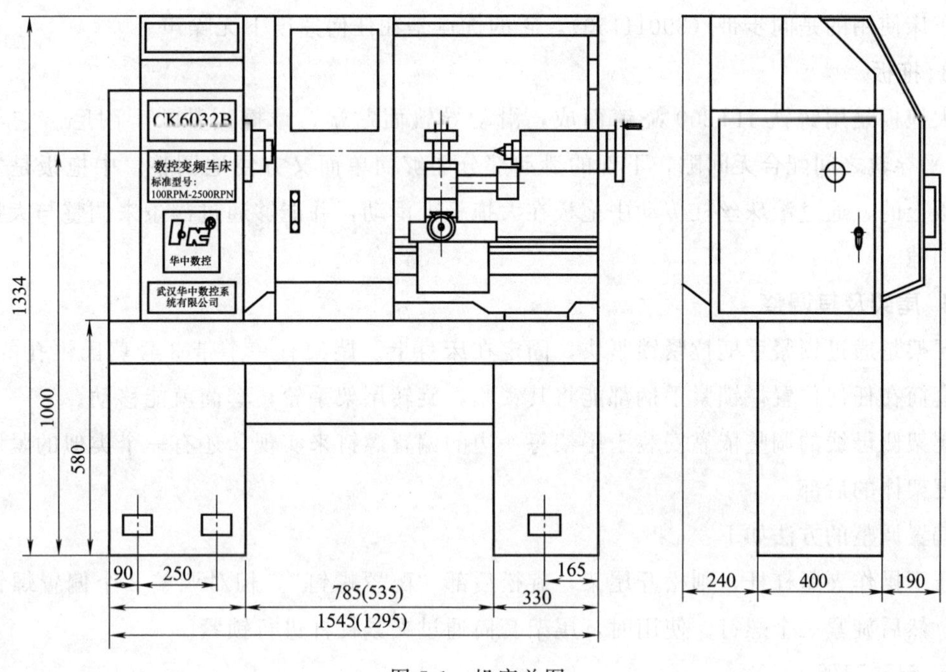

图 5-1 机床总图

三、机床部件

机床部件览表见表 5-2。

表 5-2 机床部件

序 号	名 称	数 量
1	床身	1
2	尾架	1
3	拖板	1
4	自动刀架	1
5	冷却系统	1

四、机床主要结构

1. 床身

床身是用铸铁 HT300 浇铸而成，由牢固的横向工字筋组成，抗振性好。它用六颗螺钉固定在前、后床脚上。两个 90°V-平导轨是通过超音频淬火和精密磨削来加工的，拖板和尾架各用一个 90°V-平导轨。纵走刀（Z）向采用滚珠丝杠传动，安装在床身前面，主电机安装在床身后面。

2. 床头箱

床头箱是用铸铁 HT250 浇铸而成，它用四颗螺钉和一颗锥销固定在床身上。在床头箱里，主轴安装在一个双列向心短圆锥滚子轴承（2D3182114）和一个单列向心推力球轴承（D46113）上，主轴有一个直径 39mm 的通孔，主轴头部内锥孔为莫氏 5 号。

车床使用的是同步带（390H150），它的优点是在任何速度下无噪声。

3. 拖板

大拖板是用铸铁 HT200 浇铸而成，滑动导轨面贴塑，摩擦因数小，耐磨。它与床身 90°V-平导轨之间配合无间隙，下部的滑动部分能够简单而又方便地调整。中拖板是安装在大拖板上的，通过滚珠丝杠传动中拖板在大拖板上滑动，并能够通过镶条来调整与大拖板燕尾的间隙。

4. 尾架及其调整

尾架是通过锁紧手柄拉紧锁紧块，固定在床身上。尾架有一个带 3 号莫氏锥孔的套筒，尾架套筒在任何位置，锁紧手柄都能将其锁紧，旋转尾架手轮，套筒就能移动。

尾架侧母线的调整依靠安装于尾架每一边的偏置螺钉来实现，还有一个类似的紧固螺钉装在尾架体的后部。

偏置调整的方法如下：

压下操作夹紧杠杆，则松开尾架，旋松后部“配置螺钉”。相对调整 2 个偏置螺钉所需位置，然后旋紧三个螺钉。使用时，尾架套筒通过夹紧杠杆进行锁紧。

5. 自动刀架

自动刀架有四个刀位，可安装四把车刀，刀架的自动转位是通过一台微型交流异步电机、蜗杆、蜗轮带动刀架转位。由数控系统实现控制，刀架只能顺时针转位。若反转可能导致电机堵转而烧毁电机。

安装车刀时，应使刀尖过主轴中心线或稍低一些，否则可能损坏机床。

五、机床的传动系统

传动系统见图 5-2。

1. 主轴的旋转运动

主轴的转速是由变频电机 YP-50-3.0-4-B5-8 经同步带直接传递主轴。通过数控系统及变频器对变频电机进行控制，使主轴获得 100～2500r/min 范围内的任何速度。

2. 纵向进给运动

大拖板纵向运动是通过安装在床身前面的步进电机（100BYG201），经同步带将电机的运动传给丝杠，通过控制丝杠的转速，从而控制 Z 向的速度。

100BYG201 是二相四拍混合式步进电机，步距角 0.9°每一脉冲，脉冲当量为 0.005mm。

3. 横进给运动

中拖板横向运动是通过安装在大拖板的步进电机（90BYG201），经同步带将电机的运

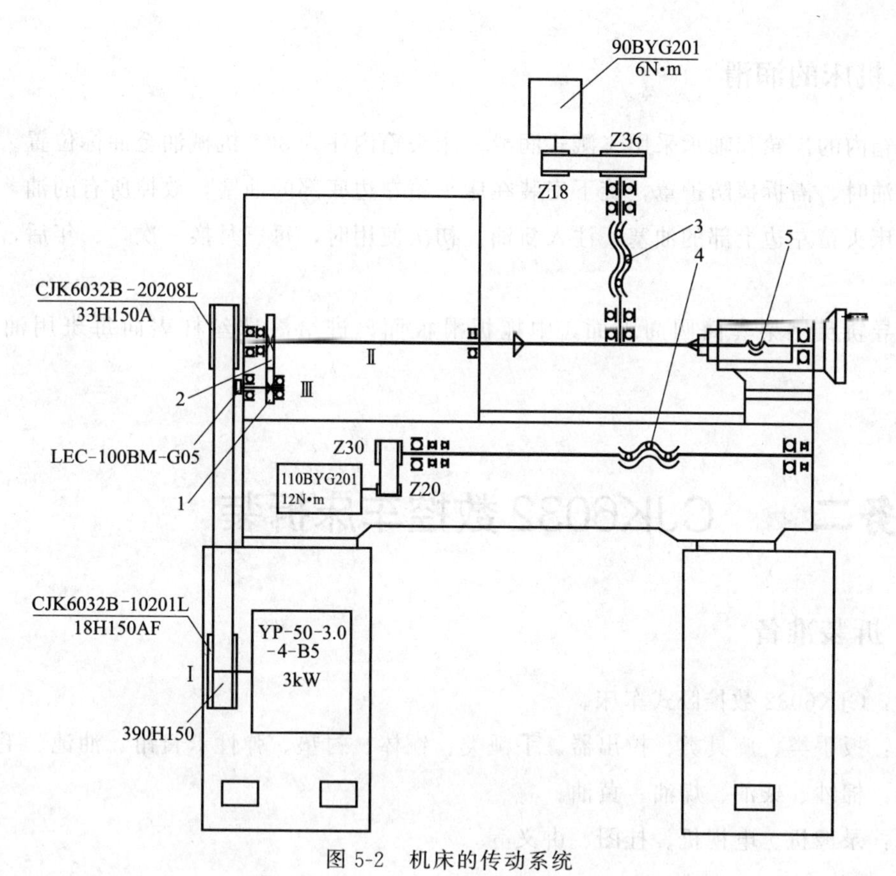

图 5-2　机床的传动系统

1—编码器；2—主轴；3—溜板箱；4—丝杠；5—尾座

动传给丝杠，通过控制丝杠的转速，从而控制 X 向的速度，90BYG201 是二相四拍混合式步进电机，步距角 0.9°每一脉冲，脉冲当量为 0.005mm。

4. 车削螺纹

为保证主轴一转，刀架移动一个导程，在主轴箱的左侧安装了一个光电编码器，从主轴至光电编码器的传动比为 1∶1，光电编码器配合步进电机，保证实现主轴一转，刀架移动一个导程（即被加工螺纹螺距）。实现螺纹加工，免去挂轮的麻烦。

5. 试车运动

为了保证轴承寿命和特性，在使用初期，尽量避免高速旋转，建议交替使用如下试车速度：

500r/min 运转 3h；

800r/min 运转 2h；

1250r/min 运转 1h。

六、机床的维护及保养

(1) 机床在使用前，对机床各个部件进行润滑。

(2) 机床在第一次使用或长期没有使用时，先使机床空运转几分钟。

(3) 保证机床清洁，勿在潮湿的地方使用机床，并保持工作区域良好照明。

七、机床的润滑

床头箱内的齿轮和轴承采用飞溅式润滑。床头箱内注入30#机械油至油标位置。更换床头箱里的油时，需拆掉防护罩，旋下安装在床头箱左边底部的油塞，放掉所有的油，重新加油时拆掉床头箱左边上部的油塞，注入新油。初次使用时，每三月换一次，一年后，一年换一次。

床身导轨及尾架套筒圆周表面，中拖板滑板面，进给滚珠丝杠表面每班用油枪加一次油。

任务二 CJK6032数控车床拆装

一、拆装准备

设备：CJK6032数控卧式车床。

工具：扳手类、旋具类、拉出器、手锤类、铜棒、衬垫、弹性卡簧钳、油池、毛刷。

材料：棉纱、柴油、煤油、黄油。

教具：录像机、电视机、挂图、讲义等。

二、机床拆装注意事项

(1) 看懂结构再动手拆，并按先外后里，先易后难，先上后下顺序拆卸。

(2) 先拆紧固、连接、限位件（顶丝、销钉、卡圈、衬套等）。

(3) 拆前看清组合件的方向、位置排列等，以免装配时搞错。

(4) 拆下的零件要有秩序的摆放整齐，做到键归槽、钉插孔、滚珠丝杠装盒内。

(5) 注意安全，拆卸时要注意防止箱体倾倒或掉下，拆下零件要往桌案里边放，以免掉下砸人。

(6) 拆卸零件时，不准用铁锤猛砸，当拆不下或装不上时不要硬来，分析原因（看图）搞清楚后再拆装。

(7) 在扳动手柄观察传动时不要将手伸入传动件中，防止挤伤。

三、数控机床的拆卸与安装调整

1. 拆卸要求

(1) 要周密制定拆卸顺序，划分部件的组成部分，以便按组成部分分类、分组列零件清单（明细表）。

(2) 要合理选用拆卸工具和拆卸方法，按一定顺序拆卸，严防乱敲打，硬撬拉，避免损坏零件。

（3）对精度较高的配合，在不致影响画图和确定尺寸、技术要求的前提下，应尽量不拆或少拆（如大齿轮与从动轴的键连接处可不拆），以免降低精度或损伤零件。

（4）拆下的零件要分类、分组，并对零件进行编号登记，列出的零件明细表，应注明零件序号、名称、类别、数量、材料，如果是标准件应及时测量主要尺寸，查有关标准定标记并注明国标号；如果是齿轮应注明模数 m、齿数 z。

（5）拆下的零件，应指定专人负责保管。一般零件、常用件是测绘对象，标准件定标记后应妥善保管，防止丢失。避免零件间的碰撞受损或生锈。

（6）记下拆卸顺序，以便按相反顺序复装。

（7）仔细查点和复核零件种类和数量。单级齿轮减速器零件种类数，一般为 30～40 种件，应在老师指导下对零件统一命名，以免造成混乱。

（8）拆卸中要认真研究每个零件的作用、结构特点及零件间装配关系或连接关系，正确判断配合性质、尺寸精度和加工要求，为画零件图、装配图创造条件。

2. 拆卸方法

对大型的、复杂的机床应分拆组件、部件后，再分别进行拆卸与测绘。拆卸的一般方法有以下几种。

（1）螺纹连接的拆卸

① 六方、四方头的螺栓和螺母可用规格合适的活扳手或系列扳手进行拆卸。

② 带槽螺钉可用螺丝刀拧松卸下。

③ 圆螺母应该用专用扳手拆卸，如无专门扳手就用捶击冲子使其旋转卸掉。

（2）销连接的拆卸

对圆锥销、圆柱销连接，用榔头冲击或拔销器。冲圆锥销时要从小直径端敲打。开口销用手钳或拔销器将其拔出。

（3）键连接的拆卸

带轮、齿轮与轴之间的普通平键、半圆键连接，只要沿轴向推开轮即可。对钩头楔键连接可垫钢条以锤击出，最好用起键器拉出。

（4）配合轴孔件的拆卸

① 间隙配合的轴孔件拆下是较容易的，但也要缓慢地顺轴线推出，避免两件相对倾斜卡住而划伤配合面。

② 过盈配合的轴孔件，一般不拆卸。如必须拆卸时，可加热带孔零件，用专门工具或压力机进行。

③ 过渡配合的轮与轴的拆卸方法是用两锤同时敲打轮毂或轮辐的对称部位，也可用一锤沿轮周均匀锤击，使其脱开。要用木榔头，若用钢锤应垫上木块，以免打坏表面。

④ 轴上的滚动轴承尽量不拆，必拆不可时必须采用拆卸器或压力机，采取浇油加热的方法拆卸。特别要注意拆卸时的传力点选在滚动轴承的内圈上。

具体拆卸和装配应根据机器或部件的结构，编制拆卸规程。

3. 机床的安装

机床安装定位后，需首先进行导轨直线度和水平调整，以确保机床的工作精度。

（1）传动皮带的调整。传动皮带松紧的调整是通过移动电机的机架来实现。如图 5-3 所示，首先松开螺栓 1，旋转圆螺母 2，皮带松紧即可调整到位。然后旋转螺栓 1。

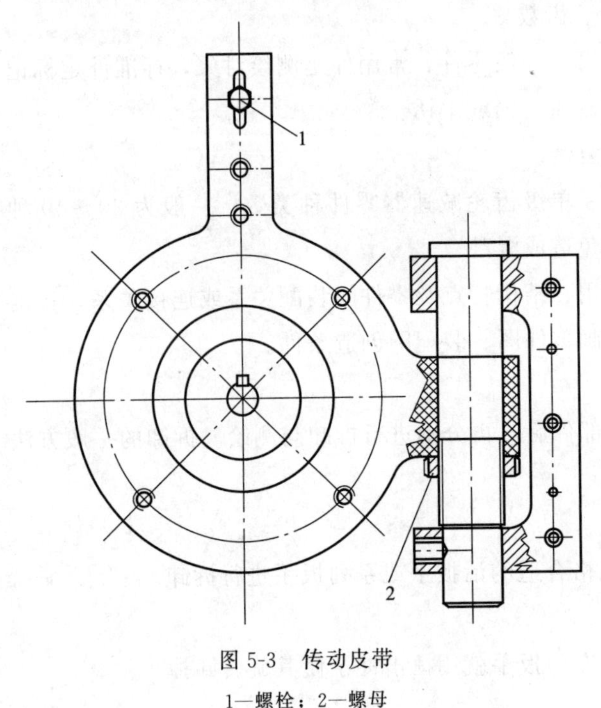

图 5-3　传动皮带

1—螺栓；2—螺母

（2）横拖板导轨调整。横拖板导轨的磨损是用调整螺钉调整镶条来补偿。首先松开镶条大端的螺钉，然后旋紧镶条小端螺钉，调整好后重新旋紧镶条大端的螺钉。

（3）尾架在床身上的夹紧。尾架在床身上的夹紧是用安装在尾架下面和床身之间的偏心夹紧装置进行夹紧，夹紧杠杆的锁紧角度可以调整。

四、整理及验收

（1）发现故障，立即报告实训教师处理。

（2）工、夹、刀具及工件必须装夹牢固可靠。

（3）操作中应聚精会神，不允许看报、闲谈、打闹，严禁脱岗。

（4）离岗时，关闭电源，将操作手柄及机床的可动部分都放到规定位置。

（5）清理工、卡、刀、量具，图纸，并定置存放。

（6）擦拭机床、清理现场。

任务三 ▸▸ CAK3665 系列数控车床的装调维修

一、床身

床身为卧式平床身，整体布局合理，采用 HT300 高强度铸件，刚性好，不易变形。导轨经中频淬火后磨削，有较高的硬度和耐磨性。

二、主轴箱

主轴采用单主轴结构，转速高，可达到 4000r/min。稳定切削可达 3000r/min。变频电机配变频器，通过改变频率使主轴无级调速，可进行恒速切削。主轴前支撑采用三联角接触轴承，可承受较大的轴向和径向载荷。主轴传动采用强力窄V带，传动平稳，噪声低，热变形小，精度稳定。

三、X轴和Z轴

床鞍是由Z轴电机通过滚珠丝杠驱动的，沿床身在Z轴方向移动，床鞍上的滑板是由X轴电机通过滚珠丝杠驱动的，沿床鞍在X轴方向移动。

1. 滚珠丝杠副的安全使用

（1）润滑脂　润滑脂的给脂量一般是螺母内部空间容积的1/3，一般丝杠副出厂时在螺母内部都已有润滑脂。

（2）润滑油　润滑油的给油量随行程、润滑油的种类、使用条件（热抑制量）等的不同而变化。

丝杠的轴线必须和与之配套导轨轴线平行，机床的两端轴承座与螺母座必须三点成一线；滚珠丝杠副应在有效的行程内运动，必要时要在行程两端配置限位，以避免螺母超程脱离丝杠轴而使滚珠脱落。

2. 防尘

滚珠丝杠副与滚动轴承一样，如果污物及异物进入将很快使它磨耗，成为破损的原因。因此考虑有污物及异物（切削碎屑）进入时，必须采用防尘装置将丝杠轴完全保护起来。

3. 滚珠丝杠副螺母的循环方式

滚珠丝杠副根据其滚珠的回转方式可以分为外循环和内循环两种，根据螺母的结构形式又可以分为双螺母和单螺母。在进行改造时应根据具体情况和结构形式来定，由于外循环式丝杠副螺母回珠器在螺母外边，所以很容易损坏而出现卡死现象，而内循环式的回珠器在螺母副内部，不存在卡死和脱落现象。由于双螺母不仅装配、预紧调整等比单螺母方便，而且其传动刚性比单螺母也好，所以只要结构和机床空间满足要求，在普通机床数控化改造中多选内循环式双螺母结构（见图5-4）。

图5-4　内循环式双螺母结构

四、刀架

本机床使用刀架为电动四工位刀架，为不抬起转位，转位时间短，定位精确。

根据用户需求，本机床还可配置卧式六工位刀架。

在刀架移动范围之内，有一个称之为机床零点的参考位置，NC装置确立的机床坐标系将这个机床零点作为参考点以实现刀架移位的控制。

刚一接通机床电源，NC位置并不能保持机床零点的存储，所以，需要通过“返回零点操作”来使NC装置存储机床零点。具体操作见《电气设备与机床操作》说明书。

如果因某种原因的变化引起机床零点的偏移，则应通过调整零点限位开关碰块将零点重新调整到正确的位置。

采用绝对编码器时零点复位详见《电气设备与机床操作》说明书。

五、尾座

尾座分为手动尾座、液压尾座。

手动尾座即与普通车床相同，依据偏心原理将尾座体锁紧在床身上，用手摇手轮使丝杠带动尾座套筒前进、后退。

液压尾座依照液压原理控制尾座套筒前进、后退。

六、液压卡盘

本机床可根据用户需求配置液压卡盘，以提高机床的制动控制程度。液压油箱放置在机床的后面，液压控制阀装在油箱的上面，采用叠加安装方式，结构紧凑。

任务四 ▶▶ CAK3665系列数控车床拆装

一、拆装设备及工具

工具：工具架、工具箱、扳手类（双头扳手、内六角扳手、开口扳手、开口活扳手）、旋具类（一字槽螺丝刀、十字槽螺丝刀）、拉出器、手锤类、铜棒、衬垫、弹性卡簧钳、油池、毛刷、调试水平仪、尖嘴钳、百分表、百分表支架、测量工具（游标卡尺、钢尺、高度尺等）。

材料：棉纱、柴油、煤油、黄油。

教具：录像机、电视机、挂图、讲义等。

二、准备工作

（1）进入实习车间前，穿戴好劳保用品，女同学发辫收入帽内，袖口扎紧，袖套套好。

（2）各小组长负责检查实训现场，并检查本组人员劳保用品的穿戴情况，劳保用品穿戴不齐全者，不准进入实训场地。

（3）学生进入工位后，要检查机床的手柄位置，卡盘、刀架、防护罩、地线、保险等装置，确认无误后，再检查工作场地，周围环境，确保整洁有序，安全通道畅通无阻。

（4）机床开动后要站在正确安全位置，不准隔着机床转动部位传递拿取工具等物品。

（5）机床导轨及移动的工作台面不得摆放工具和物品。

三、拆 CAK3665 机床 Z 轴

1. 拆卸电机

（1）拆卸电机插头；

（2）拆电机联轴器 ；

（3）松开电机联轴器；

（4）记录电机座 10040 安装位置；

（5）拆卸电机螺钉；

（6）脱开电机联轴器；

（7）拆下电机。

2. 拆卸左端轴承压盖

（1）扳手稳住右侧丝杠末端；

（2）松开左端固定螺母上的螺钉；

（3）松开左端固定螺母或用月牙扳手；

（4）松开 10029 压盖；

（5）放入半圆垫圈；

（6）重新上紧 10029 压盖；

（7）退出左端固定螺母；

（8）退出左端压盖。

3. 拆卸右端轴承座

（1）松右端轴承座固定螺钉；

（2）使用拔销器取出销钉和螺钉松开右侧轴承座；

（3）拼装拉马；

（4）使用拉马拉出右侧轴承座；

（5）拆轴承座压盖；

（6）轻轻退出轴承；

（7）放入汽油清洗。

4. 丝杠与左端支撑分离并退出左端轴承

（1）塞入方木，方木与拖板箱端面靠紧不能松；

（2）旋转滚珠丝杠右端；

（3）丝杠与左端支撑分离并拆卸左支撑压盖；

（4）用铝棒退出轴承。

5. 抽出滚珠丝杠

（1）松开油管接头；

(2) 松开丝杠螺母端面螺钉;

(3) 将丝杠整体抽出;

(4) 悬挂滚珠丝杠。

6. 拔出溜板箱销钉

(1) 松溜板箱固定螺钉;

(2) 使用拔销器拔出溜板箱销钉。

四、CAK3665机床的安装调整及精度检验

1. 校验溜板箱与电机座的同轴度

(1) 准备一套5件检棒;

(2) 装入第一个检套;

(3) 装入第二个检套;

(4) 插入左端检棒;

(5) 插入右端检棒;

(6) 调整表座;

(7) 调整表头。

2. 安装右侧轴承座并与电机座校验同轴度

(1) 安装右侧轴承座;

(2) 插入右侧轴承座的检套;

(3) 另一根检棒插入溜板箱;

(4) 将桥架从左侧移动到尾座的位置,注意读数;

(5) 用铜棒调整右侧轴承座的位置,直至与左侧电机座调平。

3. 安装滚珠丝杠并检测跳动

(1) 重新装入滚珠丝杠,套入螺母副两端压板;

(2) 从左侧电机座依次装入轴承、挡圈、锁紧螺母;

(3) 拉入或敲入左侧轴承挡圈、轴承;

(4) 固定左侧支承的压板和锁紧螺母;

(5) 重新安装右侧轴承座并用铝棒敲入轴承;

(6) 松开丝杠螺母调整后再拧紧;

(7) 紧固右侧的压板;

(8) 轴向窜动检测。

五、CAK3665机床刀架装配与调试

1. 根据实物,分析刀架组成及其工作原理

首先CNC发出换刀信号,控制继电器工作,电机正传,通过蜗轮、蜗杆将销盘抬高至一定高度,离合销进入离合盘槽,离合盘带动离合销,离合销带动销盘,销盘带动上刀体转

位，当上刀体转到所需刀位时，CNC 发出到位信号，电机反转，反靠销进入反靠盘槽，离合销从离合盘槽中退出，刀架完成定位锁紧。反转时间到继电器动作停止，延时继电器动作，切断电源，电机停转，向 CNC 发出反馈信号，加工程序开始。

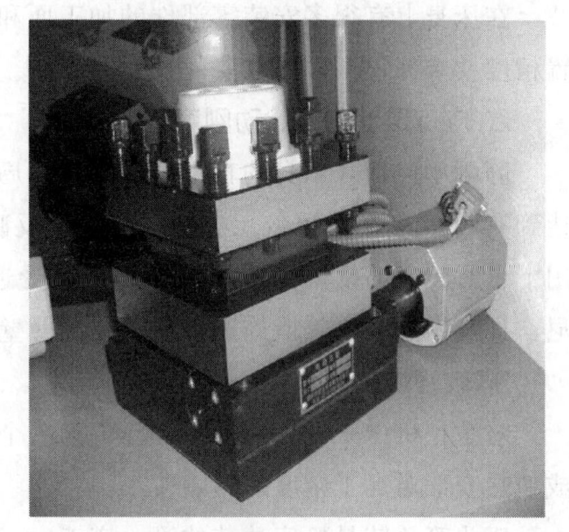
图 5-5　刀架

2. 绘制刀架的传动联系图

参考图 5-5 的刀架装配示意图绘制刀架的传动联系图。

3. 完成刀架部分的装配

（1）拆卸顺序：使刀架处于松动状态，拆下上盖，拆下电线，然后拆下小螺母、发讯盘、磁钢座；取出两只 M4 螺钉，卸下大螺母及止退圈、平面轴承、离合盘；取下上刀体，拆下外端齿、螺杆、螺母、离合销、反靠销；拆下电机、连接座、端盖；从端盖端向联轴器端，拆出蜗杆及轴承；拆下中轴、取出蜗轮、平面轴承、拆下反靠盘。

（2）装配顺序：装配时按拆卸反顺序装配；完成装配。

（3）注意事项：装配时所有零件清洗上油，传动部位上润滑油。

六、整理及验收

（1）发现故障，立即报告实训教师处理；

（2）工、夹、刀具及工件必须装夹牢固可靠；

（3）操作中应聚精会神，不允许看报、闲谈、打闹，严禁脱岗；

（4）离岗时，关闭电源，将操作手柄及机床的可动部分都放到规定位置；

（5）清理工、卡、刀、量具，图纸，并定置存放；

（6）擦拭机床、清理现场。

任务五 ▶▶ CAK3665 机床主轴箱与床身装配

一、主轴箱与床身装配

机床的床身是整个机床的基础支承件，一般用来放置导轨、主轴箱等重要部件。为了满足数控机床高速度、高精度、高生产率、高可靠性和高自动化程度的要求，与普通机床相比，数控机床应有更高的静、动刚度，更好的抗振性。数控机床床身主要在以下三个方面有更高的要求。

1. 很高的精度和精度保持性

在床身上有很多安装零部件的加工面和运动部件的导轨面，这些面本身的精度和相互位置精度要求都很高，而且要能长时间保持。

2. 应有足够的静、动刚度

静刚度包括：床身的自身结构刚度、局部刚度和接触刚度，应该采取相应的措施，最后达到有较高的刚度-质量比。动刚度直接反映机床的动态特性，为了保证机床在交变载荷作用下具有较高的抵抗变形的能力和抵抗受迫振动和自激振动的能力，可以通过适当增加阻尼、提高固有频率等措施避免共振及因薄壁振动而产生的噪声。

3. 较好的热稳定性

对数控机床来说，热稳定性已成为一个突出问题，必须在设计上使整机的热变形较小，或使热变形对加工精度的影响较小。

床头箱总装是机床总装的第一道工序，是确定床头箱与床身相互位置关系的重要工序，同时也是后工序各部件装配的基准。因此，装配时床身精度和床头箱精度检验是否准确，将会直接影响其他部件的装配精度和整机的工作精度，在装配过程中必须严格按照技术要求和精度值进行操作，本工序重点是床身的几何精度和床头箱与床身结合面的接触精度。将床身用垫铁垫好，检验 G1 项（见附表 2）。

床身导轨的检测见图 5-6。

① 纵向：导轨在垂直面内的直线度，其上限为 0.002～0.018mm(只许凸)。

检验方法：在水平桥上靠近导轨处，纵向放一水平仪，等距离（近似等于规定的局部误差的测量长度）移动水平桥检验。将水平仪的读数依次做好记录，并计算出导轨全长的直线度误差。

② 横向：导轨的平行度，上限为 0.032mm/1000mm。

检验方法：在水平桥上横向放一水平仪，等距离（移动距离同 a）移动水平桥检验。水平仪在全部测量长度上读数的最大代数差值就是导轨的平行度误差。

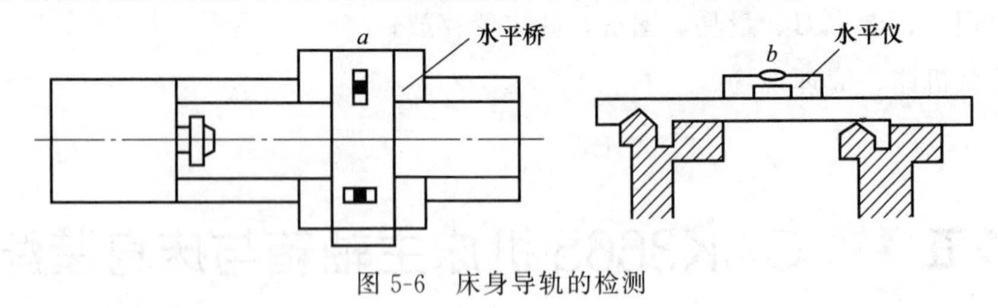

图 5-6　床身导轨的检测

二、检验主轴与床身导轨的平行度

将床头箱用螺钉固定在床身上，检验 G7 项（见附表 2）主轴锥孔中心线对床身导轨的平行度：

（1）上母线精度（见图 5-7）：－0.003～＋0.005mm/300mm。

（2）侧母线精度（见图 5-8）：＋0.005～＋0.008mm/300mm（只许向前偏）。

图 5-7　检验主轴 G7 项上母线精度

图 5-8　检验主轴 G7 项侧母线精度

（3）操作步骤如下：

① 将组装好的床头箱放在床身上。

② 将检验棒插入主轴孔中，找主轴轴线对溜板移动的平行度。

③ 根据实测误差，刮研床身与床头各结合面。

④ 技术要求：粘点/(25mm×25mm）不少于 6 个；结合面紧固前与紧固后 0.04mm 塞尺均不入。

⑤ 工序卫生：用清洗剂将红油及油污处清理干净。

检验方法如下：

将百分表及磁力表座固定在床鞍上，使百分表测头触及检验棒表面，移动溜板检验。将主轴旋转 180°，再同样检验一次。上母线精度和侧母线精度误差分别计算，两次测量结果的代数和的一半，就是平行度误差。

任务六 ▶▶ CW6140-1 主轴箱拆装

主轴变速箱是用来使主轴转动，并使之按所需的转速运转的部件，它由箱体、摩擦离合器、各传动轴、主轴、变速操纵机构、制动器和润滑装置等组成。

一、主轴箱、轴Ⅰ、Ⅱ、Ⅲ、Ⅵ的拆卸

（1）拆卸之前需要讲明的几个问题

① 机械传动传递力的方法很多，如常见的皮带传动、链传动等，在主轴箱里为何用齿轮传动（目的：说明齿轮传动的优缺点）？②主轴箱的润滑方式？③主轴箱中各轴的排列顺序？

（2）轴Ⅰ的拆卸

轴Ⅰ主要的部件是双向片式摩擦离合器。

拆卸之前需要讲明的几个问题：

① 正转和反转的摩擦片片数为何不一样多?

② 轴Ⅰ上共有3个销,3个销在各自的位置都起何作用?销的材料是什么?拆卸销时的工具叫什么?

(3) 轴Ⅳ的拆卸

拆卸之前需要讲明的几个问题:

① 应怎样取出Ⅵ轴上较大的齿轮?

② 主轴上有3盘轴承,名称各是什么?都承受怎样的力?

[提示] 主轴是车床主要的零件之一,它较大,较重,同时要求有足够的刚度和较高的旋转精度,因此,在拆卸时,要保证有3个以上的同学同时抬起或放下,以防损坏主轴。

(4) 轴Ⅱ的拆卸

拆卸之前需要讲明的几个问题:设计轴Ⅱ的拆卸方法?

[提示] 轴Ⅱ一端是箱体,另一端与Ⅳ轴相连,拆卸时不能采用传统的铜棒加手锤的敲敲打打,而应采用专用工具。

(5) 轴Ⅲ的拆卸

拆卸方法与轴Ⅱ相同。

拆卸之前需要讲明的几个问题:轴Ⅲ上有一离合器,名称叫什么?起什么作用?

二、轴Ⅰ、轴Ⅱ、轴Ⅲ与轴Ⅵ的装配

(1) 装配之前需要讲明的几个问题

① 装配前的准备工作有哪些?

② 常用的零件清洗液有几种?各用在何种场合?

③ 装配螺纹时常用的工具有哪些?

(2) 装配时注意事项

① 各轴间的装配顺序依次为Ⅲ轴、Ⅱ轴、Ⅰ轴、Ⅵ轴。

② 装配时各零件间的相互位置基本按先拆后装的原则。

③ 对于滚动轴承、双列短圆柱滚子轴承等要涂抹黄油。

④ 装配时不能乱敲乱打,应垫铜棒或木板。CW6140-1进给箱的拆装进给箱用来将主轴箱经交换齿轮传来的运动进行各种传动比的变换,使丝杠、光杠得到与主轴有不同速比的转速,以取得机床不同的进给量和适应不同螺距的螺纹加工,它由箱体、箱盖、齿轮轴组、倍数齿轮轴组、丝杠、光杠连接轴组及各操纵机构等组成。进给箱中的各种拆卸、方法与主轴箱中的Ⅱ轴及Ⅲ轴一样,均采用工具拔销器。安全注意事项与主轴箱相同(略)。

三、溜板箱拆装顺序

1. 拆下三杠支架

取出丝杠、光杠、$\phi6$锥销及操纵杠、M8螺钉,抽出三杠,取出溜板箱定位锥销$\phi8$,旋下M12内六方螺栓,取下溜板箱。

2. 开合螺母机构

开合螺母由上、下两个半螺母组成，装在溜板箱体后壁的燕尾形导轨中，开合螺母背面有两个圆柱销，其伸出端分别嵌在槽盘的两条曲线中（太极八卦图），转动手柄开合螺母可上下移动，实现与丝杠的啮合、脱开。

（1）拆下手柄上的锥销，取下手柄。

（2）旋松燕尾槽上的两个调整螺钉，取下导向板，取下开合螺母，抽出轴等。安装按反顺序进行。

3. 纵、横向机动进给操纵机构

纵、横向机动进给动力的接通、断开及其变向由一个手柄集中操纵，且手柄扳动方向与刀架运动方向一致，使用比较方便。

（1）旋下十字手柄、护罩等，悬下 M6 顶丝，取下套，抽出操纵杆，抽出 $\phi 8$ 锥销，抽出拨叉轴，取出纵向、横向两个拨叉（观察纵、横向的动作原理）。

（2）取下溜板箱两侧护盖，M8 沉头螺钉，取下护盖，取下两牙嵌式离合器轴，拿出齿轴 1、2、3、4 及铜套等（观察牙嵌式离合器动作原理）。

（3）旋下蜗轮轴上 M8 螺钉，打出蜗轮轴，取出齿轮蜗轮等。

（4）旋下快速电机螺钉，取下快速电机。

（5）旋下蜗杆轴端盖，M8 内六角螺钉，取下端盖，抽出蜗杆轴。

4. 拆装超越离合器

蜗轮轴上装有超越离合器、安全离合器，通过拆装理解两离合器的作用。

（1）拆下轴承，取下定位套，取下超越离合器、安全离合器等；

（2）打开超越离合定位套，取下齿轮等，利用教具观看内部动作，理解动作原理；

（3）对照实物弄清安全离合器原理。

5. 拆装纵横拖板

旋下横向进给手轮螺母，取下手轮，旋下进给标尺轮 M8 内六方螺栓，取下标尺轮。取出齿轮轴连接 $\phi 6$ 锥销，打出齿轮轴，取下齿轮轴。

6. 对照实物理解

理解由丝杠、光杠的旋转运动变成刀具的纵向、横向运动路线。

四、注意事项

（1）看懂结构再动手拆，并按先外后里，先易后难，先下后上顺序拆卸。

（2）先拆紧固、连接、限位件（顶丝、销钉、卡圆、衬套等）。

（3）拆前看清组合件的方向、位置排列等，以免装配时搞错。

（4）拆下的零件要有秩序的摆放整齐，做到键归槽、钉插孔、滚珠丝杠装盒内。

（5）注意安全，拆卸时要注意防止箱体倾倒或掉下，拆下零件要往桌案里边放，以免掉下砸人。

（6）拆卸零件时，不准用铁锤猛砸，当拆不下或装不上时不要硬来，分析原因（看图）

搞清楚后再拆装。

(7) 在扳动手柄观察传动时不要将手伸入传动件中，防止挤伤。

任务七 完成CAK3665机床典型零件的测绘

一、零件测绘的注意点

(1) 对标准件，如螺栓、螺母、垫圈、键、销等，不必画零件草图。它们的规格尺寸和标准代号列入明细表就可以了。

(2) 零件上的缺陷（如砂眼、缩孔和裂纹）、加工的疵病（如机加工孔轴线偏斜）都不能画在草图上。

(3) 零件上的设计结构、装配结构、工艺结构应根据作用给予测绘，不可忽略不画。

(4) 对已磨损的零件，要按设计要求决定其形状和尺寸。

(5) 必须严格检查尺寸是否遗漏或重复，相关零件的尺寸是否协调，以保证零件图、装配图的顺利测绘。

二、完成零件的草图及零件图

零件草图是画装配图和零件图的原始资料和主要依据，必要时还可直接用以制造零件。零件草图的内容应和零件工作图一样。

1. 对零件草图的要求

图形正确，表达清楚，尺寸完整，线型分明，图面整洁，字体工整，并注写出必要的各项技术要求，还有内容齐全的标题栏。根据草图应有的作用，应该仔细、认真地绘制草图，一定要记住："草图并不'草'"。要在保证草图质量的前提下，努力提高绘图速度。这就需要熟练掌握画草图的本领和技巧。

2. 画零件草图

零件草图是不用绘图工具、仪器，以目测比例，徒手绘制而成。在经过对零件分析并选定表达方案后便开始画草图。

3. 准备布图

画草图先画图框和标题栏，标题栏格式同零件图的标题栏。然后定各个视图的位置，画出各视图的基准线、中心线及大致外形。视图间要留出标注尺寸及注写技术要求的空档。

4. 画出视图

根据选定的方案，画全视图、剖视图等，详细地表达零件的内部构造及外部形状。擦除多余线条，校对后描深。

5. 标注尺寸

画出全部尺寸界线及尺寸线，然后依次测量尺寸填写尺寸数值。测量尺寸时，应力求准确，并注意以下几点：

（1）两零件有配合或连接关系的尺寸，测量其中一个尺寸，同时填写到两个零件草图上。应该测量两件中便于量取尺寸的零件，若轴孔配合，测量轴径；若旋合螺纹，测量外螺纹的外径。这不但容易测量，而且数值准确。

（2）重要尺寸，如中心高等有关设计尺寸，要精确测量，并加以验算。有的尺寸测得后，再查手册取标准数值，如标准直径。对于不重要的尺寸，如为小数时，可取整数。

（3）零件上已标准化的结构尺寸，例如倒角、圆角、键槽、螺纹外径和螺纹退刀槽等结构尺寸，可查阅有关标准确定。零件上与标准部件如滚动轴承等配合的轴或孔的尺寸，可通过标准部件的型号查表确定，不需要进行测量。

6. 注写技术要求

按零件各表面的作用和加工情况，标注各表面的粗糙度代号。根据零件的设计要求和功用，注写合理的公差配合代号。学生在“制图测绘”时，对技术要求的注写，可参考同类产品的图纸，用类比法决定，或向指导老师请教。

零件草图，除按以上具体步骤绘制外，还可采取以下措施：

利用方格纸画草图，能较方便地控制图形大小、画图比例、投影关系和注写尺寸。

遇到零件上有比较复杂的平面轮廓曲线，可将零件平放在纸上，用铅笔沿轮廓线描画，得到零件的真实轮廓，叫作“描迹法”。

如果把零件反转，将纸平铺到上面，用手摁纸，便压印出其轮廓，再用铅笔描深，叫作“拓印法”。

三、完成零件的草图、零件图和部件装配图

装配图草图是根据零件草图依次徒手画出，主要按装配内容要求画底稿图，故画图的尺寸不作要求，主要将装配结构、装配关系、视图表达和零件编号等表达清楚，发现不合理不恰当，可随时修改，以作为画装配工作图的依据。

画装配草图或装配图的方法步骤大致如下：

1. 拟定表达方案

拟定表达方案的原则是：能正确、完整、清晰和简便地表达部件的工作原理、零件间的装配关系和零件的主要结构形状。其中应注意：

（1）主视图的投射方向、安放方位应与部件的工作位置（或安装位置）相一致。主视图或与其他视图联系起来要能明显反映部件的上述表达原则与目的。

（2）部件的表达方法包括：一般表达方法、规定画法、各种特殊画法和简化画法。选择表达方法时，应尽量采用特殊画法和简化画法，以简化绘图工作。

2. 案例分析

参考尾座的装配图。选用了“主、俯、左”三个基本视图，具体分析如下：

主视图：大部分反映尾座的工作原理、轴系零件及其相对位置的主要视图。用局部剖视反映了箱壁壁厚，应处理好所剖的范围和波浪线画法。由于沿结合面剖切，螺栓和定位销被

横向剖切，故应照画剖面线，螺栓杆部与螺栓孔按不接触画两条线（圆）；圆锥销与销孔是配合关系，应画一条线（圆）。符合上述主视图选择的原则与目的。

俯视图：是反映尾座工作位置、零件及其相对位置的主要视图。画俯视图要注意当幅面受限时，手柄伸出端，可采用折断画法，但要注原实际尺寸。

左视图：补充表达了主视图未尽表达的尾座左端面外形。

3. 画装配图的具体步骤

画装配图的具体步骤，常因部件的类型和结构形式不同而有所差异。一般先画主体零件或核心零件，可“先里后外”地逐渐扩展；再画次要零件，最后画结构细节。画某个零件的相邻零件时，要几个视图联系起来画，以对准投影关系和正确反映装配关系。

4. 标注装配图上的尺寸和技术要求

装配图中需标注五类尺寸：性能（规格）尺寸；装配尺寸（配合尺寸和相对位置尺寸）；安装尺寸；外形尺寸；其他重要尺寸。这五类尺寸在某一具体部件装配图中不一定都有，且有时同一尺寸可能有几个含义，分属几类尺寸，因此要具体情况分析，凡属上述五类尺寸有多少个，注多少个，既不必多注，也不能漏注，以保证装配工作的需要。

如参考图 5-13 所示尾座，共注出 28 个尺寸，从中可以分析出它们所分属的尺寸种类。

5. 编写零件序号和明细栏

参照教材所述零件序号编注的规定、形式和画法，编写序号；并与之对应地编写明细栏（标准件要写明标记代号）。

零件图及装配图参考图 5-9～图 5-13。

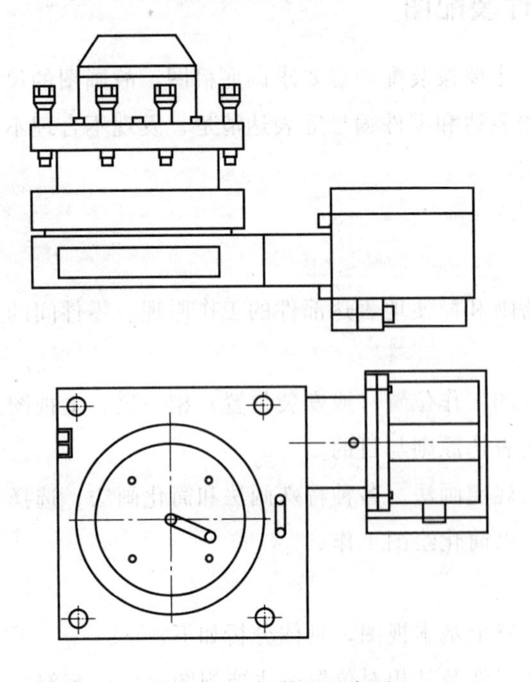

图 5-9　刀架装配示意图

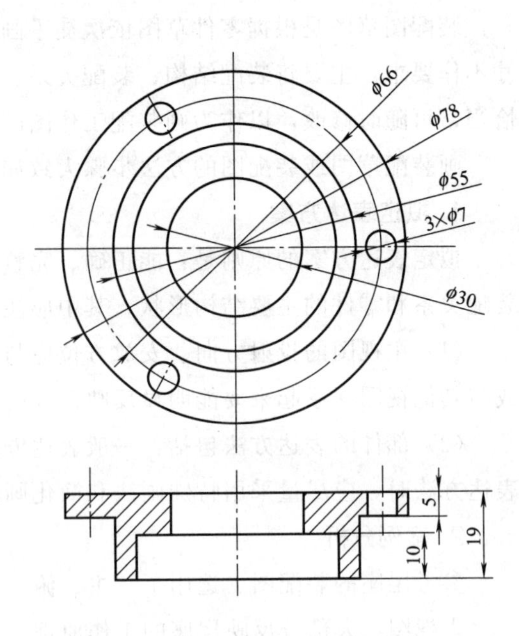

图 5-10　轴承端盖零件图

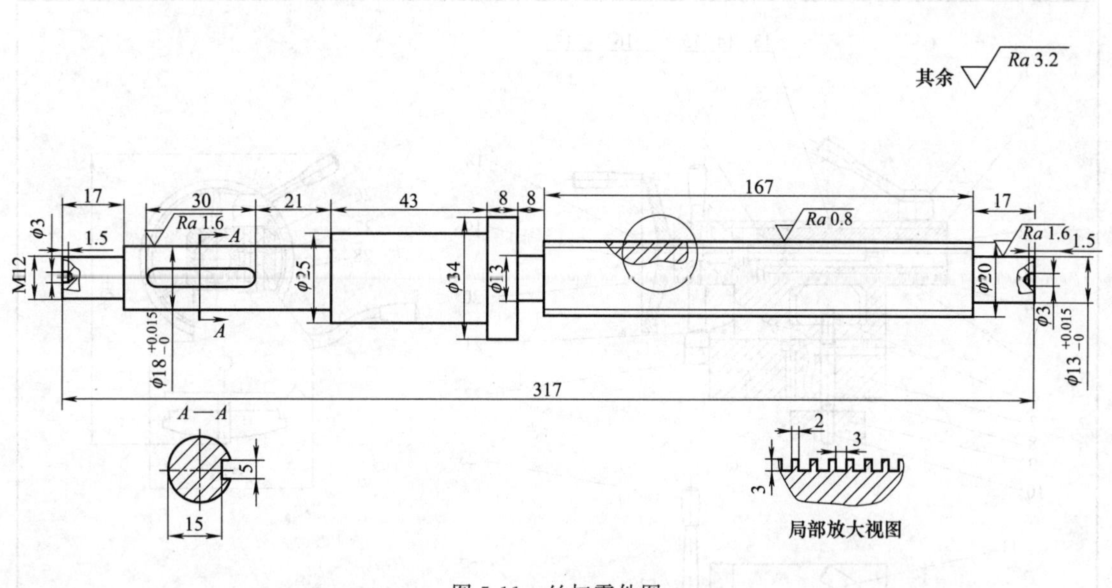

图 5-11　丝杠零件图

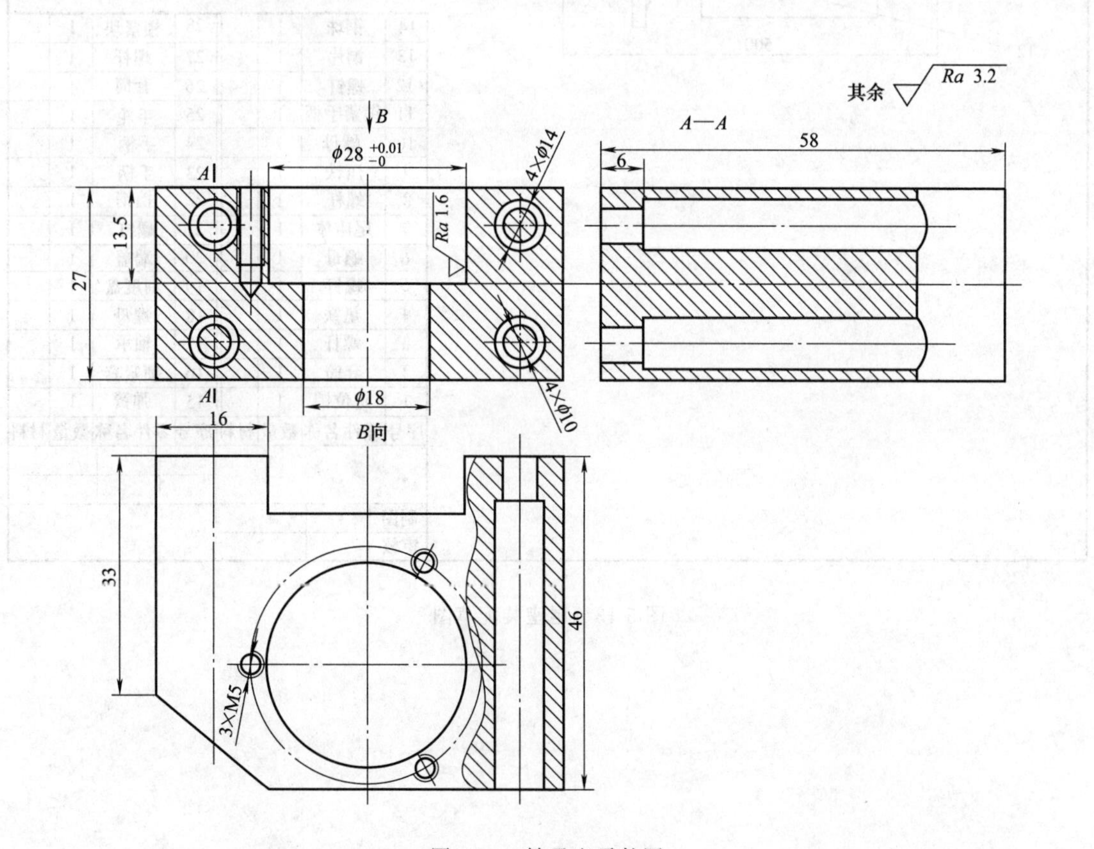

图 5-12　轴承座零件图

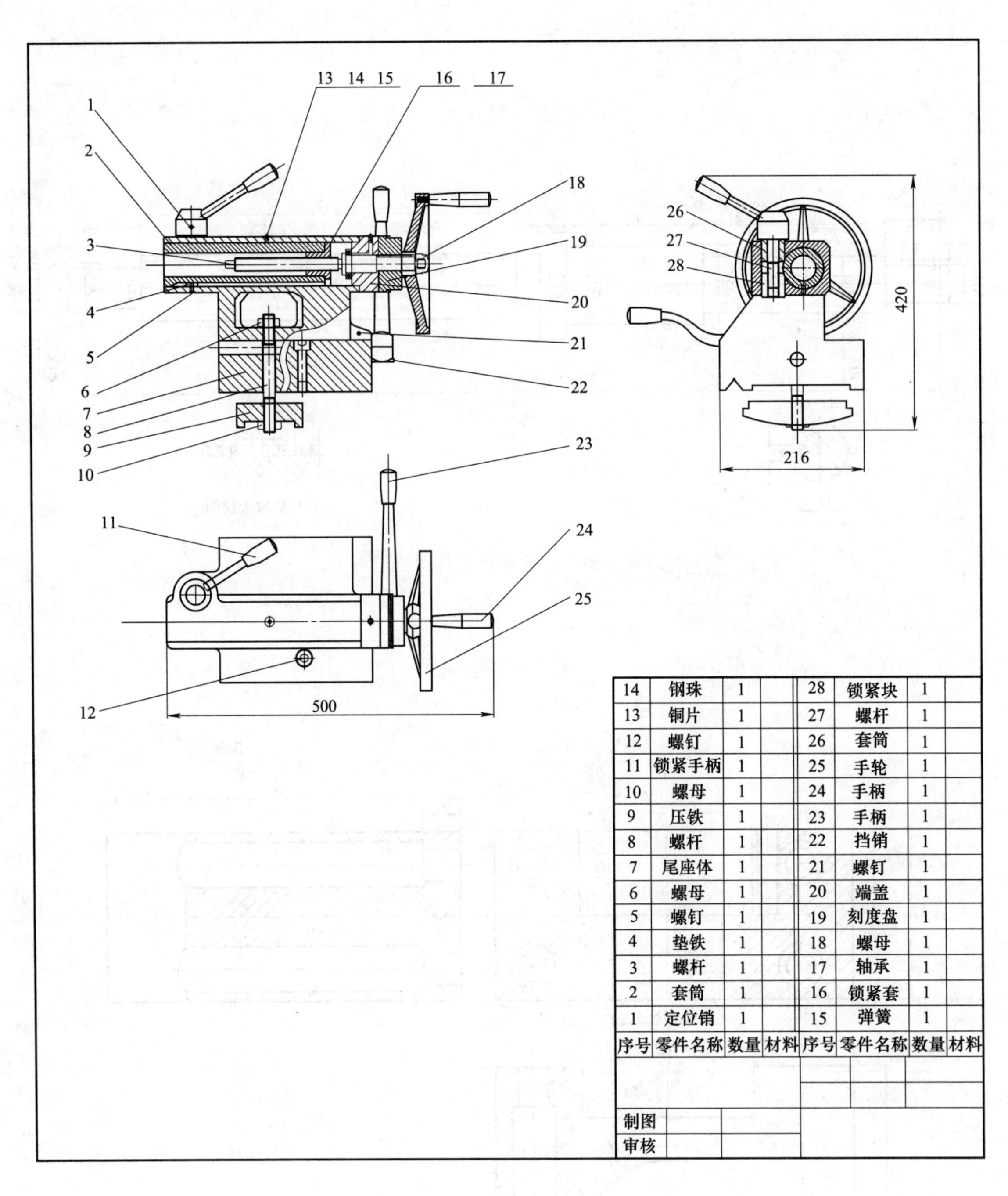

序号	零件名称	数量	材料	序号	零件名称	数量	材料
14	钢珠	1		28	锁紧块	1	
13	铜片	1		27	螺杆	1	
12	螺钉	1		26	套筒	1	
11	锁紧手柄	1		25	手轮	1	
10	螺母	1		24	手柄	1	
9	压铁	1		23	手柄	1	
8	螺杆	1		22	挡销	1	
7	尾座体	1		21	螺钉	1	
6	螺母	1		20	端盖	1	
5	螺钉	1		19	刻度盘	1	
4	垫铁	1		18	螺母	1	
3	螺杆	1		17	轴承	1	
2	套筒	1		16	锁紧套	1	
1	定位销	1		15	弹簧	1	

图 5-13 尾座装配草图

项目六

数控机床的精度检测

任务一 ▶▶ 数控车床精度检测

一、目的

（1）了解数控车床几何精度、定位精度、切削精度的检测项目及标准要求。
（2）了解数控车床几何精度、定位精度、切削精度的检测方法。

二、工具

（1）数控车床；
（2）平尺（400mm，1000mm，0 级）两只；
（3）方尺（400mm×400mm×400mm，0 级）一只；
（4）直验棒（ϕ80mm×500mm）一只；
（5）莫氏锥度验棒（No5×300mm，No3×300mm）两只；
（6）顶尖两个（莫氏 5 号，莫氏 3 号）；
（7）百分表两只；
（8）磁力表座两只；
（9）水平仪（200mm，0.02/1000）一只；
（10）等高块三只；
（11）可调量块两只。

三、检测内容

1. 床身导轨的直线度和平行度

（1）纵向导轨调平后，床身导轨在垂直平面内的直线度

① 检验工具：精密水平仪。

② 检验方法：水平仪沿 Z 轴方向放在溜板箱上，沿导轨全长等距离地在各位置上检验，记录水平仪的读数，并用作图法计算出床身导轨在垂直平面内的直线度误差。

（2）横向导轨调平后，床身导轨在水平平面内的平行度

① 检验工具：精密水平仪。

② 检验方法：如图 6-1 所示，水平仪沿 X 轴方向放在溜板上，在导轨上移动溜板，记录水平仪读数，其读数最大值即为床身导轨的平行度误差。

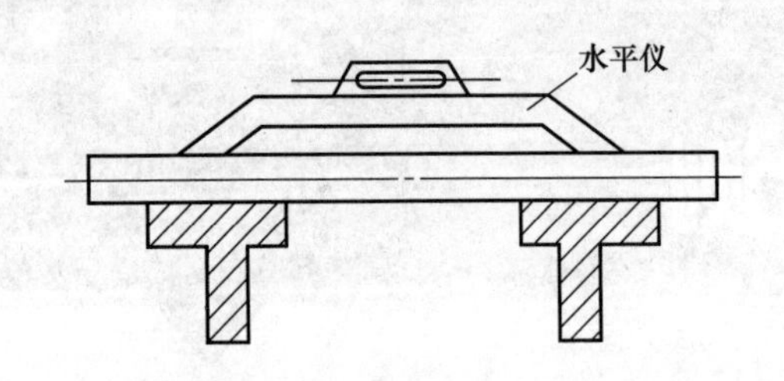

图 6-1 横向导轨调平后测量床身导轨的平行度

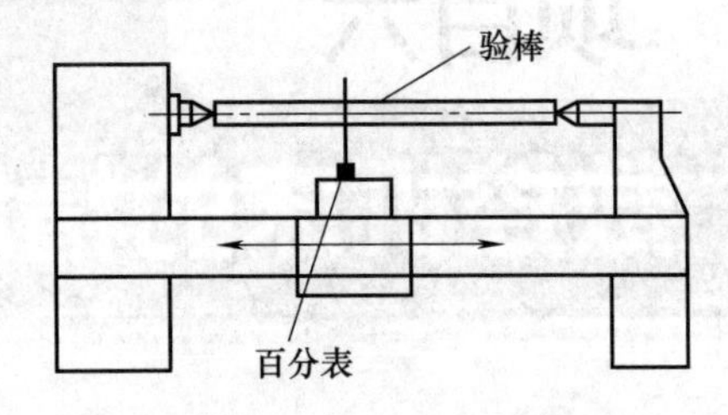

图 6-2 在水平平面内测量溜板的直线度

2. 溜板在水平平面内移动的直线度

① 检验工具：验棒和百分表。

② 检验方法：如图 6-2 所示，将验棒顶在主轴和尾架顶尖上；再将百分表固定在溜板上，百分表水平触及验棒母线；全程移动溜板，调整尾架，使百分表在行程两端读数相等，检测溜板移动在水平平面内的直线度误差。

3. 尾架移动对溜板 Z 向移动的平行度

(1) 在垂直平面内尾架移动对溜板 Z 向移动的平行度。

(2) 在水平平面内尾架移动对溜板 Z 向移动的平行度。

① 检验工具：百分表。

② 检验方法：如图 6-3 所示，将尾架套筒伸出后，按正常工作状态锁紧，同时使尾架尽可能地靠近溜板，把安装在溜板上的第二个百分表相对于尾架套筒的端面调整为零；溜板移动时也要手动移动尾架直至第二个百分表的读数为零，使尾架与溜板相对距离保持不变。按此法使溜板和尾架全行程移动，只要第二个百分表的读数始终为零，则第一个百分表即可相应指出平行度误差。或沿行程在每隔 300mm 处记录第一个百分表读数，百分表读数的最大值即为平行度误差。第一个百分表分别在图中 a、b 处测量，误差单独计算。

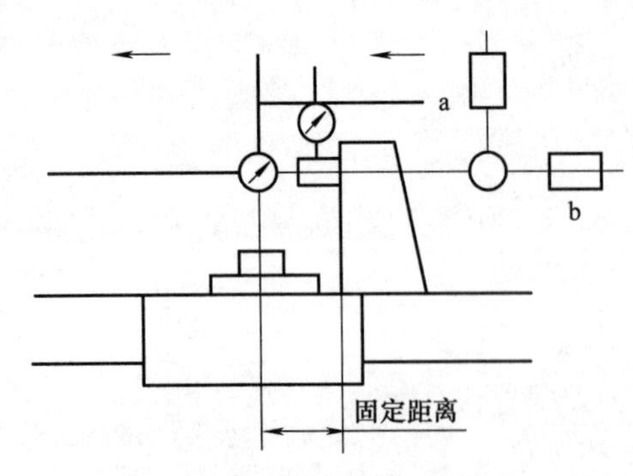

图 6-3 检测尾架移动对溜板 Z 向移动的平行度

4. 主轴跳动

(1) 主轴的轴向窜动。

(2) 主轴轴肩支承面的轴向跳动。

① 检验工具：百分表和专用装置。

② 检验方法：如图 6-4 所示，用专用装置在主轴线加力 F（F 的值为消除轴向间隙的最小值），把百分表安装在机床固定部件上，然后使百分表测头沿主轴轴线分别触及专用装置的钢球和主轴轴肩支承面；旋转主轴，百分表读数最大差值即为主轴的轴向窜动误差和主轴轴肩支承面的轴向跳动误差。

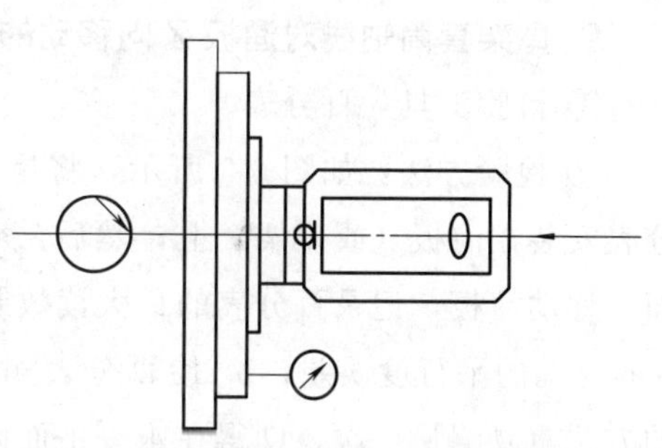

图 6-4 检测主轴轴肩支承面的轴向跳动和轴向窜动

5. 主轴定心轴颈的径向跳动

① 检验工具：百分表。

② 检验方法：如图 6-5 所示，把百分表安装在机床固定部件上，使百分表测头垂直于主轴定心轴颈并触及主轴定心轴颈；旋转主轴，百分表读数最大差值即为主轴定心轴颈的径向跳动误差。

6. 主轴锥孔轴线的径向跳动

① 检验工具：百分表和验棒。

② 检验方法：如图 6-6 所示，将验棒插在主轴锥孔内，把百分表安装在机床固定部件上，使百分表测头垂直触及验棒表面，旋转主轴，记录百分表的最大读数差值，在 a、b 处分别测量。标记验棒与主轴的圆周方向的相对位置，取下验棒，同时分别旋转验棒 90°、180°、270°后重新插入主轴锥孔，在每个位置分别检测。取 4 次检测的平均值即为主轴锥孔轴线的径向跳动误差。

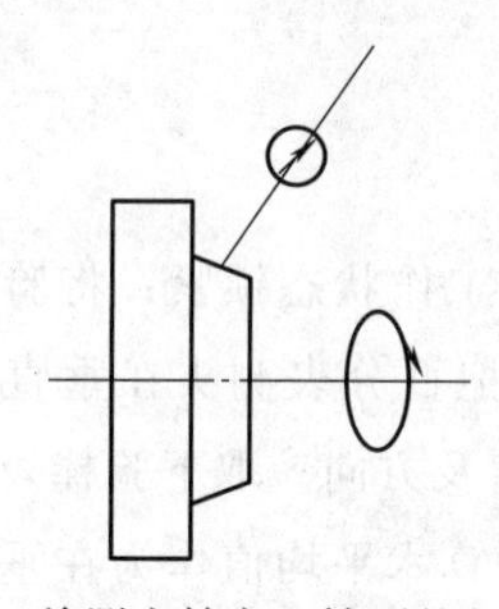

图 6-5 检测主轴定心轴颈的径向跳动

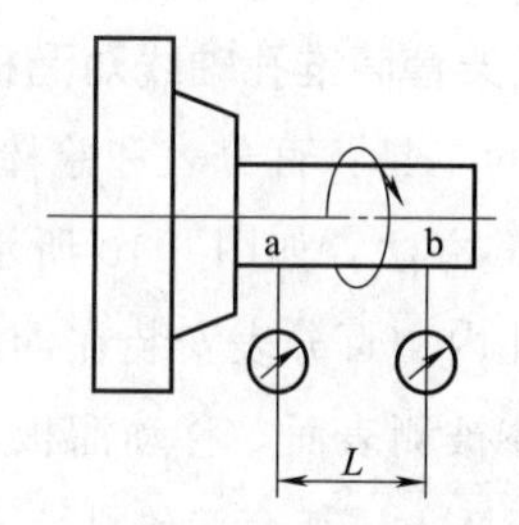

图 6-6 检测主轴锥孔轴线的径向跳动

7. 主轴轴线对溜板 Z 向移动的平行度

① 检验工具：百分表和验棒。

② 检验方法：如图 6-7 所示，将验棒插在主轴锥孔内，把百分表安装在溜板（或刀架）上，然后：a. 使百分表测头在垂直平面内垂直触及验棒表面，移动溜板，记录百分表的最大读数差值及方向；旋转主轴 180°，重复测量一次，取两次读数的算术平均值作为在垂直平面内主轴轴线对溜板 Z 向移动平行度误差。b. 使百分表测头在水平平面内垂直触及验棒表面，按上述 a 的方法重复测量一次，即得在水平平面内主轴轴线对溜板 Z 向移动的平行度误差。

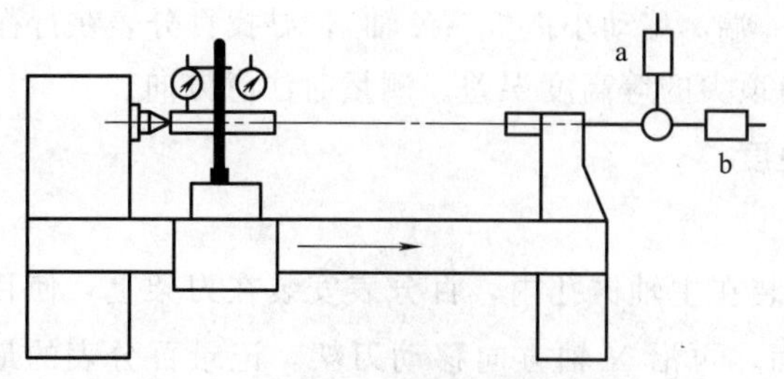

图 6-7 检测主轴轴线对溜板 Z 向移动的平行度误差

8. 主轴顶尖的跳动

① 检验工具：百分表和专用顶尖。

② 检验方法：如图 6-8 所示，将专用顶尖插在主轴锥孔内，把百分表安装在机床固定部件上，使百分表测头垂直触及被测表面，旋转主轴，记录百分表的最大读数误差。

9. 尾架套筒轴线对溜板 Z 向移动的平行度

① 检验工具：百分表。

② 检验方法：如图 6-9 所示，将尾架套筒伸出有效长度后，按正常工作状态锁紧。百分表安装在溜板（或刀架）上，然后：a. 使百分表测头在垂直平面内垂直触及尾架套筒表面，移动溜板，记录百分表的最大读数差值及方向，即得在垂直平面内尾架套筒轴线对溜板 Z 向移动的平行度误差；b. 使百分表测头在水平平面内垂直触及尾架套筒表面，按上述 a 的方法重复测量一次，即得在水平平面内尾架套筒轴线对溜板 Z 向移动的平行度误差。

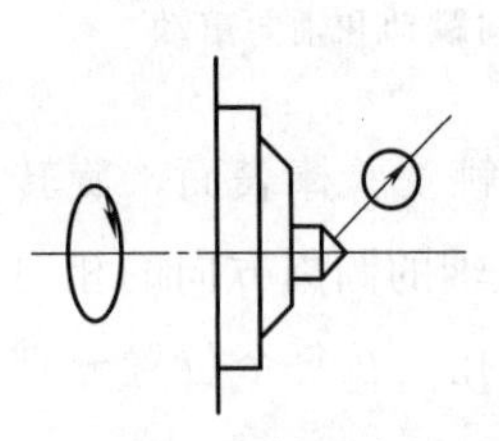
图 6-8 检测主轴顶尖的跳动

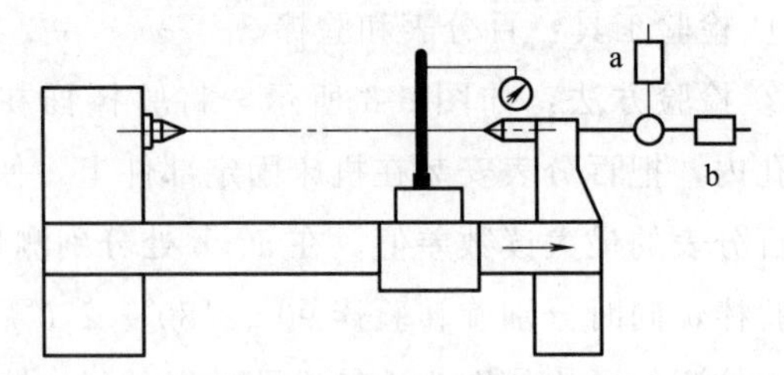

图 6-9 检测尾架套筒轴线对溜板 Z 向移动的平行度

10. 尾架套筒锥孔轴线对溜板 Z 向移动的平行度

① 检验工具：百分表和验棒。

② 检验方法：如图 6-10 所示，尾架套筒不伸出并按正常工作状态锁紧；将验棒插在尾架套筒锥孔内，百分表安装在溜板（或刀架）上，然后：a. 把百分表测头在垂直平面内垂直触及验棒被测表面，移动溜板，记录百分表的最大读数差值及方向；取下验棒，旋转验棒 180°后重新插入尾架套筒锥孔，重复测量一次，取两次读数的算术平均值作为在垂直平面内尾架套筒锥孔轴线对溜板 Z 向移动的平行度误差。b. 把百分表测头在水平平面内垂直触及验棒被测表面，按上述 a 的方法重复测量一次，即得在水平平面内尾架套筒锥孔轴线对溜板 Z 向移动的平行度误差。

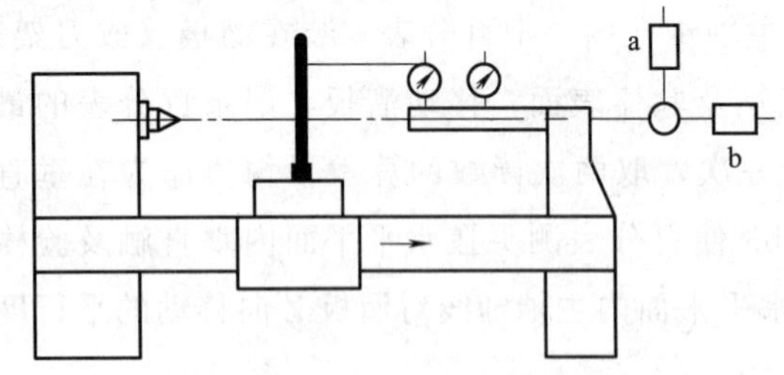

图 6-10 检测尾架套筒对溜板 Z 向移动的平行度

11. 床头和尾架两顶尖的等高度

① 检验工具：百分表和验棒。

② 检验方法：如图 6-11 所示，将验棒顶在床头和尾架两顶尖上，把百分表安装在溜板（或刀架）上，使百分表测头在垂直平面内垂直触及验棒被测表面，然后移动溜板至行程两端，移动小拖板（X 轴），寻找百分表在行程两端的最大读数值，其差值即为床头和尾架两顶尖的等高度误差。测量时注意方向。

12. 刀架 X 轴方向移动对主轴轴线的垂直度

① 检验工具：百分表、圆盘、平尺。

② 检验方法：如图 6-12 所示，将圆盘安装在主轴锥孔内，百分表安装在刀架上，使百分表测头在水平平面内垂直触及圆盘被测表面，再沿 X 轴方向移动刀架，记录百分表的最大读数差值及方向；将圆盘旋转 180°，重新测量一次，取两次读数的算术平均值作为刀架

横向移动对主轴轴线的垂直度误差。

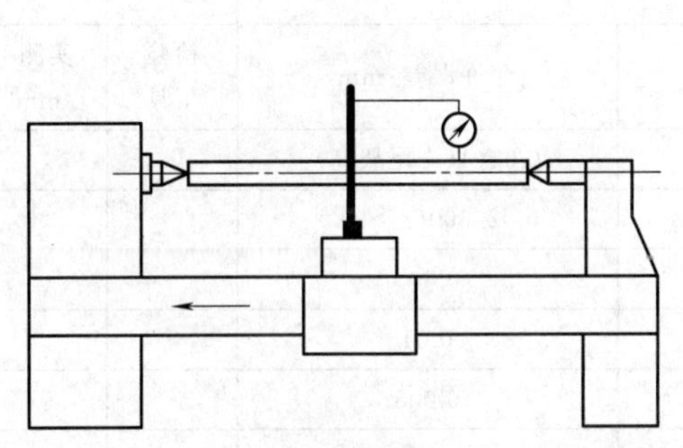

图 6-11　检测床头和尾架两顶尖的等高度图解

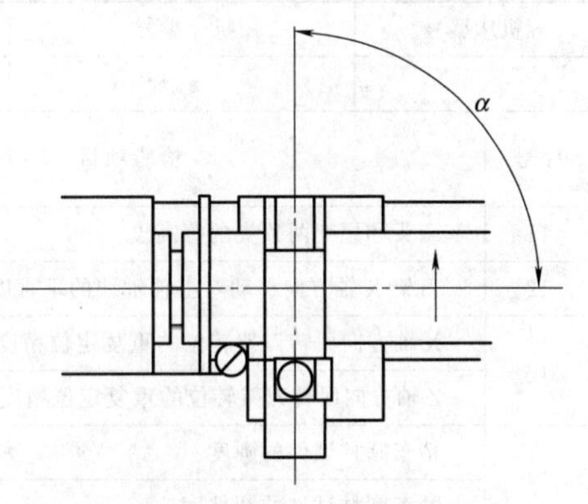

图 6-12　检测刀架 X 轴方向移动对主轴轴线的垂直度

四、检测结果记录

将上述各项检测项目的测量结果记入表 6-1 中。

表 6-1　数控车床精度检测数据记录表

机床型号	机床编号	环境温度	检验人	检验日期

序号	检验项目		允许误差/mm	检验工具	实测/mm
1	导轨调平	床身导轨在垂直平面内的直线度	0.020(凸)		
		床身导轨在垂直平面内的平行度	0.04/1000		
2	溜板在水平平面内移动的直线度		$D_c \leqslant 500$ 时 0.015；$500 < D_c \leqslant 1000$ 时，0.02		
3	在垂直内平面内尾架移动对溜板 Z 向移动的平行度		在任意 500mm 测量长度上，0.02		
	在水平平面内尾架移动对溜板 Z 向移动的平行度				
4	主轴的轴向窜动		0.010		
	主轴轴肩支承面的轴向跳动		0.020		
5	主轴定心轴颈的径向跳动		0.01		
6	靠近主轴端面主轴锥孔轴线的径向跳动		0.01		
	距主轴端面 L(L=300mm)处主轴锥孔轴线的径向跳动		0.02		
7	在垂直平面内主轴轴线对溜板 Z 向移动的平行度		0.02/300(只许向上向前偏)		
	在水平平面内主轴轴线对溜板 Z 向移动的平行度				
8	主轴顶尖的跳动		0.015		
9	在垂直平面内尾架套筒轴线对溜板 Z 向移动的平行度		0.015/100(只许向上向前偏)		
	在水平平面内尾架套筒轴线对溜板 Z 向移动的平行度		0.01/100(只许向上向前偏)		
10	在垂直平面内尾架套筒锥孔轴线对溜板 Z 向移动的平行度		0.03/200(只许向上向前偏)		
	在水平平面内尾架套筒锥孔轴线对溜板 Z 向移动的平行度				

续表

机床型号	机床编号	环境温度	检验人	检验日期

序号	检验项目	允许误差/mm	检验工具	实测/mm
11	床头和尾架两顶尖的等高度	0.04(只许尾架高)		
12	刀架 X 轴方向移动对主轴轴线的垂直度	0.02/300(α>90°)		
13	X 轴方向回转刀架转位的重复定位精度	0.005		
	Z 轴方向回转刀架转位的重复定位精度	0.01		
14	精车圆柱试件的圆度	0.005		
	精车圆柱试件的圆柱度	0.03/300		
15	精车端面的平面度	直径为 300mm 时，0.025(只许凸)		
16	螺距精度	在任意 50mm 测量长度上，0.025		
17	精车圆柱形零件的直径尺寸精度(直径尺寸差)	±0.025		
	精车圆柱形零件的长度尺寸精度	±0.025		

任务二 ▶▶ 数控铣床精度检测

一、精度检测工具

1. 精密水平仪（精度 0.02mm）

（1）工作原理：水准泡式水平仪靠玻璃管内壁具有一定曲率半径的水准气泡移动来读取测量数值。当水平仪发生倾斜时，则气泡向水平仪升高的一端移动，水准泡内壁曲率半径决定仪器的测量读数精度（见图 6-13）。

图 6-13 水准泡式水平仪

（2）用途：水平仪主要用于检验各种机床设备、工程机械、纺织机械、印刷机械、矿山机械等设备的导轨的平直性，安装的水平位置和垂直位置。

（3）规格：水平仪按不同用途制造成框式水平仪、条式水平仪两大类型，本工序所用为条式水平仪，规格 200mm，精度 0.02mm/m。

（4）结构：水平仪主要由金属主体、水准泡系统以及调整机构组成。主体作为测量基面，水准泡用来显示主体测量基面的实际数值，调整机构用作调整水平仪零位。

（5）使用方法：测量时水平仪工作面应紧贴被测物体表面，待气泡静止后方可读数。

水平仪所标志的分度值是指主水准泡中的气泡移动一个刻线间隔所产生的倾斜，即以 1000mm 为基准长的倾斜高与底边的比表示。若需要测量长度为 L 的实际倾斜值，则可通过下式进行计算：

$$实际倾斜值=标称分度值\times L\times 偏差格数$$

为避免由于水平仪零位不准而引起的测量误差，故在使用前必须对水平仪的零位进行检查或调整。水平仪零位正确性检查与调整方法如下：

将水平仪放置在基础稳固、大致水平的平板或者导轨上，紧靠定位块。待气泡稳定后，记下在一端（如左端）读数为多少，然后按水平方向调转 180°，准确地放在原位置，按照第一次读数的一边记下气泡另一端的读数为多少，两次读数差的一半，则为零位误差即等于 2（格）。如果零位误差已超过允许范围，则需调整零位机构。通过调整零位的调整螺母（或螺钉）使零位误差减小至允许值以内。对于非规定调整的螺杆（钉）螺母不得随意拧动。调整前水平仪底工作面与平板必须擦拭干净，调整后螺钉或螺母等件必须固紧，然后盖好封尘盖板。

（6）注意事项

① 水平仪使用前用无腐蚀的汽油将工作面上的防锈油洗净，并用脱脂棉纱擦拭干净。

② 温度变化对水平仪测量结果会产生误差，使用时必须与热源和风源隔绝。使用环境与保存环境温度不同时，则需在使用环境中将水平仪置于平板上稳定 2h 后方可使用。

③ 测量操作时必须待水泡完全静止后方可读数。

④ 水平仪使用完毕，需将工作面擦拭干净，然后涂上无水、无酸的防锈油，置于专用盒内放在清洁干燥处保存。

2. 百分表（规格/型号 0~10mm）

（1）用前应将百分表量面、测杆擦净。

（2）使用或鉴定百分表前，应将测头压缩使指针至少转动 1/6 圈。

（3）除修理或调整时，不允许拆卸百分表。

3. 方尺

（1）参数

规格（film）SF500；

外形尺寸（长/mm×宽/mm×高/mm）500×500×60；

质量（kg）：34.8。

（2）精度等级

相邻两测量面垂直度：7μm。

测量面直线度：3μm。

相对测量面平行度：7μm。

（3）注意事项

① 花岗石属硬性材料，应注意碰伤或断裂。

② 较小的平板使用前应恒温 6h 以上，中等规格的平板应恒温在 12h 以上，大规格的平板需恒温 24h。

③ 使用中的灰尘，用干净的绸布擦净即可，对油污等不要用清水洗，最好用汽油、酒精等挥发速度快的清洗剂清洗。

④ 花岗石平板安装时，必须按标定的位置支承，检定平板精度时，基础应牢固。

二、数控铣床性能测试与功能调试

1. 机床的初步摆放

（1）首先观察机床的地脚螺栓是否在垫铁的孔中，若地脚螺栓不在垫铁孔中，则需用千斤顶将机床该部位顶起一点，将地脚螺栓装进垫铁的孔中。保证机床四角的地脚螺栓都在垫铁孔中，这样才能进行机床水平的调整。

（2）将机床的工作台置于 X 轴与 Y 轴的中心处，将两块条式水平仪垂直摆放，与 X 轴轴线方向一致的水平仪称为扭曲（见图 6-14），与 Y 轴轴线方向一致的水平仪称为长条（见图 6-15）。水平仪的水泡向高的一侧靠近。通过观察水平仪，判断机床四个角中的最高一个角。为了将机床调至水平，则需将最高的一角降低一点或将最高角的对角起高一点。机床每一个角的起降都是通过调整地脚螺栓来实现。用 30 号扳手将地脚螺栓顺时针旋转，可以使该角起高一点，反之则为降低。通过调整地脚螺栓先将扭曲调平，即将横向放置水平仪的水泡调至中间位置。观察此时长条情况，判断机床总体是前部高还是后部高。若前部高，则平起后部两角，保持扭曲不变将长条调平；若后部高，则平起前部两角，保持扭曲不变将长条调平。但要注意，此时不要将长条水泡调至完全水平，应将长条调至前面高出两个格，为后序运动水平调整中间两块垫铁时留出余量。

图 6-14 检测扭曲

图 6-15 检测长条

2. 运动水平

（1）将机床的静态水平调好以后，要进一步对机床的运动水平进行调试。将工作台上横纵放置两块互相垂直的条式水平仪。先将工作台运行至 X 轴行程中心，再将工作台运行至 Y 轴行程的最前端。此时与工作台运行方向平行放置的那块水平仪称为长条，与工作台运动方向垂直放置的那块水平仪称为扭曲（见图 6-16）。

图 6-16　长条及扭曲的检测

(2) 将工作台由 Y 轴最前端运动至 Y 轴最后端，观察两块水平仪示数的变化。扭曲由前至后，水准泡朝哪个方向运动，说明机床后部哪个角有些高。此时应该将高的一角通过逆时针旋转地脚螺栓降低一点，或将机床后部该高角的另一侧角起高一点，使扭曲调至水平。然后将工作台运动回 Y 轴最前端，观察调整后扭曲的变化，判断机床前部此时哪个角高，然后将机床前部高的一角降低点，将机床前部低的一角起高点，将扭曲调平。然后再将工作台运行至 Y 轴最后端，观察扭曲变化，若不平再进行调整。如此反复，直到将工作台由 Y 轴最前端运动至最后端时扭曲示数保持完全水平一点不变，但同时要保证长条的水准泡示数前面高出两个格。

(3) 待扭曲完全调至水平以后，这时可以把机床中间的两块垫铁垫上。当地脚螺栓与垫铁配合上，完全吃劲时，顺时针旋转中间两个地脚螺栓，观察两块水平仪的示数变化，保持扭曲不变，将长条起至水平。此时长条、扭曲都完全水平，下面可以进行机床运动水平的测量。

(4) 用手轮或按操作面板，将工作台运行至 Y 轴最前端，然后将工作台沿 Y 轴向里运动一点，称之为晃表，目的是晃出水平仪的运动差值，减小误差。待两块水平仪水准泡完全静止后，记录下长条、扭曲的原始读数。然后将工作台沿 Y 轴向里运动，运行至 Y 轴行程一半时停下，待两块水平仪水准泡完全静止后，记录下长条、扭曲的半程读数。然后将工作台继续沿 Y 轴向里运动，运行至 Y 轴行程最大处时停下，待两块水平仪水准泡完全静止后，记录下长条、扭曲的最终读数。根据三次记录的数据，计算出长条、扭曲的最大差值并记录在精度检测报告单上。由于使用的精密条式水平仪精度为 0.02mm/m，即水平仪的刻度上一个格代表 0.02mm，机床精度要求为每 500mm 上 0.03mm，即工作台沿 Y 轴轴向运动时，每半程水平仪水准泡的移动在一格半以内，全程水平仪的水准泡移动在三格以内即可。

(5) 同理将工作台运行至 Y 轴中间，再由 X 轴最左端从晃表开始，依次记录初始的水平仪示数、半程示数及最终示数。计算出长条、扭曲的最大差值并记录在精度检测报告单上。此时机床的水平精度已经调完。

3. 工作台面的平面度

（1）当机床的水平已经调完，下面将进行工作台面的检测。先将工作台面用抹布擦干净，再将百分表的钢管表架固定在机床主轴上，使百分表表盘朝外，表针垂直于工作台。检查百分表表头是否固定以及表针是否松动，当检查无误后，将Z轴缓缓下降，至百分表与工作台面接触时进行压表，一般将百分表压入1/6圈即可。

（2）将工作台通过X向、Y向运动，使工作台四个角中的一个角与百分表接触。然后在同一位置反复晃表，目的是使百分表示数平稳、准确。待百分表在反复经过同一位置的示数不再变化时，向工作台即将运动的方向晃一下表，记录下此时百分表的示数。然后开始进行工作台运动，使工作台的四条边都缓缓经过百分表，观察工作台四条边经过百分表时的读数变化，记录下工作台四个角经过时百分表的数值，就可以知道工作台平面度的情况。工作台平面度即工作台面上的最高点与最低点的差值，机床对其精度要求在0.025mm以内即可。

4. 工作台T形槽与X轴轴线的平行度

将百分表的钢管表架固定在机床主轴上不动，使百分表表盘朝上，表针可以接触到工作台T形槽（见图6-17）。一般选取工作台最中间的那条T形槽，检测工作台T形槽与X轴轴线的平行度。首先将T形槽擦干净，不允许有任何灰尘，然后压表1/6圈。通过手轮或按操作面板反复晃表，直至百分表在经过同一位置时显示的读数不变。然后由T形槽的一端开始晃表，晃掉误差，记录下此时百分表的读数。然后通过工作台X轴运动，使工作台T形槽缓缓经过固定住的百分表，观察在此过程中百分表示数的变化情况。机床精度要求工作台T形槽与X轴轴线的平行度在0.025mm以内即可。

图6-17 T形槽的平行度检测

5. X-Z轴的垂直

（1）先将工作台面擦拭干净，然后将方尺立起来横放到工作台面上。将百分表的钢管表架固定在机床主轴上，使百分表表盘朝外，表针与方尺上端面垂直。检查百分表表头是否固定以及表针是否松动，当检查无误后，将Z轴缓缓下降，至百分表与方尺上端面接触时进行压表，一般将百分表压入1/6圈即可。保持Z轴不动，即保持百分表不动，通过工作台X向运动，带动方尺X向运动来检测在Z-X垂直平面内Y轴轴线运动的直线度。

（2）首先反复运动X轴，使百分表表针与方尺上端面接触、离开，再接触再离开，直至百分表表针与方尺上端面接触时显示同一数值，这一过程称之为撞表。当撞表表示数平稳后，向X轴将要运动方向晃表，然后进行X轴运动，使方尺上端面完全通过百分表。其单边精度要求为0.02mm，局部公差为在任意300mm测量长度上0.007mm。

（3）将百分表的钢管表架挪到机床主轴侧面固定，使百分表表盘朝外，表针与方尺侧面垂直。检查百分表表头是否固定以及表针是否松动，当检查无误后，运动X轴进行压表，一般将百分表压入1/6圈即可。保持X轴不动，即保持方尺不动，通过Z轴上下运动，带动百分表Z向运动来检测在平行于X轴轴线的Z-X轴垂直平面内Z轴轴线运动的直线度。首先通过撞表使百分表示数平稳，然后Z轴向下晃表，晃掉误差，然后Z轴向下运动，将百分表由方尺侧面最上端行至最下端，观察百分表读数变化。其单边精度要求为0.015mm，测量长度上0.007mm。

（4）在Z-X垂直面内，由X轴轴线运动的直线度可知工作台面的左右倾斜，由Z轴轴线运动的直线度可知立柱相对工作台面的倾斜。由此总结可知立柱相对机床整体，即立柱相对水平面的倾斜，这称之为X-Z垂直。机床对X-Z轴垂直精度要求为0.02mm。

6. Y-Z轴垂直

（1）先将工作台面擦拭干净，然后将方尺立起来纵向放到工作台面上（见图6-18）。将百分表的钢管表架固定在机床主轴上，使百分表表盘朝外，表针与方尺上端面垂直。检查百分表表头是否固定以及表针是否松动，当检查无误后，将Z轴缓缓下降，至百分表与方尺上端面接触时保持Z轴不动，即保持百分表不动，通过工作台Y向运动，带动方尺Y向运动来检测在Y-Z垂直平面内Y轴轴线运动的直线度。

（2）首先反复运动Y轴，进行撞表。当撞表示数平稳后，向Y轴将要运动方向晃表，然后进行Y轴运动，使方尺上端面完全通过百分表。其单边精度要求为0.015mm，局部公差为在任意300mm测量长度上0.007mm。

图6-18 Y-Z轴垂直的检测

（3）将百分表的钢管表架挪到机床主轴侧面固定，使百分表表盘朝上，表针与方尺前面垂直。检查百分表表头是否固定以及表针是否松动，当检查无误后，运动Y轴进行压表，将百分表压入1/6圈即可。保持Y轴不动，即保持方尺不动，通过Z轴上下运动，带动百分表Z向运动来检测在平行于Y轴轴线的Y-Z垂直平面内Z轴轴线运动的直线度。首先通过撞表使百分表示数平稳，然后Z轴向下晃表，晃掉误差，然后Z轴向下运动，使百分表由方尺前面最上端行至最下端，观察百分表读数变化。其单边精度要求为0.015mm。局部公差为在300mm测量长度上0.007mm。

(4) 在Y-Z垂直面内，由Y轴轴线运动的直线度可知工作台面的前后倾斜，由Z轴轴线运动的直线度可知立柱相对工作台面的俯仰。由此总结可知立柱相对机床整体，即立柱相对水平面的俯仰，这称之为Y-Z垂直。机床对Y-Z轴垂直精度要求为0.02mm。

7. X-Y轴垂直

(1) 先将工作台面擦拭干净，然后将方尺平放到工作台面上。将百分表的钢管表架固定在机床主轴上，使百分表表盘朝上，表针与方尺前端面垂直（见图6-19）。检查百分表表头是否固定以及表针是否松动，当检查无误后，将Z轴缓缓下降，至百分表与方尺前端面接触时进行压表，一般将百分表压入1/6圈即可。保持Z轴不动，即保持百分表不动，通过工作台X向运动，带动方尺X向运动来检测在X-Y水平面内X轴轴线运动的直线度。

图6-19　X-Y轴垂直的检测

(2) 首先运动X轴，观察百分表的示数变化情况，用手或胶皮锤轻轻击打方尺把方尺摆正，即使方尺的前端面的轴线为一条水平线，然后进行撞表。当撞表示数平稳后，向X轴将要运动方向晃表，然后进行X轴运动，使方尺前端面完全通过百分表。其单边精度要求为0.020mm，局部公差为在任意300mm测量长度上0.07mm。

(3) 将百分表的钢管表架挪到机床主轴侧面固定，使百分表表盘朝外，表针与方尺侧面垂直。检查百分表表头是否固定以及表针是否松动，当检查无误后，使Z轴缓缓下降，运动X轴进行压表，将百分表压入1/6圈即可。保持Z轴不动，即保持百分表不动，通过Y轴前后运动，带动方尺Y向运动来检测在X-Y水平平面内X轴轴线运动的直线度。其单边精度要求为0.015mm。局部公差为在300mm测量长度上0.007mm。

(4) 在X-Y水平面内，由X轴轴线运动的直线度可知工作台面的左右倾斜，由X轴轴线运动的直线度可知工作台面的前后倾斜。由此总结可知工作台在水平面内的倾斜变形情况，这称之为X-Y垂直。机床对X-Y垂直的精度要求为0.02mm。

8. 大棒的径向跳动

用一根高精度主轴芯棒安装在主轴上，代替刀具来检测安装刀具后刀具的精度，这根高精度主轴芯棒俗称大棒。首先将大棒安装在主轴上，将百分表的钢管表架固定在工作台上，使百分表表盘朝上，表针与大棒的正前面垂直。检查百分表表头是否固定以及表针是否松动，当检查无误后，缓缓上升Z轴，使大棒的最下端与百分表表针接触。然后移动Y轴进行压表，一般将百分表压入1/6圈即可。缓缓转动大棒，观察百分表读数变化情况，测得大棒在第一点的径向跳动情况。然后将大棒取下，按照刚才安放的位置转动90°垂直安装在主轴上，再次测得大棒在第二点的径向跳动情况。进行4次，测得4个点大棒的径向跳动，取其平均值即为大棒的最终径向跳动值。机床对大棒径向跳动的精度要求为0.015mm。

9. 大棒的上母线精度

将大棒安装在主轴上，将百分表的钢管表架固定在工作台上，使百分表表盘朝上，表针与大棒正前面垂直。检查百分表表头是否固定以及表针是否松动，当检查无误后，缓缓上升Z轴，使大棒的最下端与百分表表针接触。然后移动Y轴进行压表，一般将百分表压入1/6圈即可。移动X轴使百分表远离大棒，再慢慢靠近大棒，观察百分表读数变化情况，记录下百分表经过大棒最高点时的读数。然后降下Z轴使大棒的上端与百分表接触。同理，移动X轴使百分表远离大棒，再慢慢靠近大捧，观察百分表读数变化情况，记录下百分表经过大棒最高点时的读数。通过两个最高点读数的差值可知主轴安装刀具后，刀具相对工作台的前后倾斜情况。将大棒转过180°，再分别从大棒的上下两端测出百分表经过大棒最高点时的读数，算出差值，取两次差值的平均值即为大棒上母线精度值。机床对大棒上母线精度值的要求为不大于0.015mm。

10. 大棒的侧母线精度

将大棒安装在主轴上，将百分表的钢管表架固定在工作台上，使百分表表盘朝上，表针与大棒侧面垂直。检查百分表表头是否固定以及表针是否松动，当检查无误后，缓缓上升Z轴，使大棒的最下端与百分表表针接触。然后移动X轴进行压表，一般将百分表压入1/6圈即可。移动Y轴使百分表远离大棒，再慢慢靠近大棒，观察百分表读数变化情况，记录下百分表经过大棒最高点时的读数，然后降下Z轴使大捧的上端与百分表接触。同理，移动Y轴使百分表远离大棒，再慢慢靠近大棒，观察百分表读数变化情况，记录下百分表经过大棒最高点时的读数。通过两个最高点读数的差值可知主轴安装刀具后，刀具相对工作台的左右倾斜情况。将大棒转过180°，重新安装后，再分别从大棒的上下两端测出百分表经过大棒最高点时的读数，算出差值，取两次差值的平均值即为大棒侧母线精度值。机床对大棒侧母线精度值的要求为不大于0.015mm。

三、数控铣床切削精度检测

在切削试件操作之前，先对机床的机械部件进行检查，查看是否符合机床质量要求。确定符合机床质量要求，方可进行切削操作。

1. 找坐标

（1）安装试件：首先把工作台和试件底面擦干净，然后把试件轻放到工作台上，并用压板固定。

（2）找坐标系：先找试件前侧面的平行度（用千分表），要求左右相差10μm以内。后用压板固定，将试件固定在工作台上，并找试件上面圆面与主轴的对应，要求左右与前后相差20μm以内，并把试件在工作台上的坐标（X与Y）值输入相应坐标系。试件的安装（见图6-20）。

2. 试切

首先要对刀（见图6-21），并把坐标值根据程序输入相对应的刀补程序内，进给量要在40μm以内，一般为5～10μm。程序运行中要将倍率调到100%，主轴转速倍率调到100%。对刀时将机床调到手动脉冲状态，以免撞刀。立铣刀和面铣刀在对刀时，先将主轴转动（100转以内），用手动脉冲调整机床使刀和试件待切圆孔相切即可，把相应的对刀值输入到相应的刀具补偿内。程序运行时，手指尽量放在进给保持按钮旁，以免出现问题不能及时停止机床运动。

图6-20 试件的安装

图6-21 对刀

3. 整理

试件切完，用风管将铁屑吹干净后，将试件从工作台上取下，然后将工作台和机床内打扫干净，将工作台涂上油，并把油纸铺上，以免工作台生锈，最后将工作台盖盖好。

4. 送件检查

将切好的试件送到三坐标测量机检验，合格后将报告交给检查员，不符合要求的项目根据报告对机床进行修调，修调好后重新试切。

项目七

机床拆装过程中应思考的问题

一、填空题

1. 数控机床的自诊断包括__________、__________、__________三种类型。

2. 故障的常规处理的三个步骤是__________、__________、__________。

3. 数控机床主轴性能检验时，应选择__________三挡转速连续__________的启停，检验其动作的灵活性、可靠性。

4. 主轴润滑的目的是为了减少__________，带走__________，提高传动效率和回转速度。

5. 导轨间隙调整时，常用压板来调整__________，常用__________来调整导轨的垂直工作面。

6. 对于光电脉冲编码器，维护时主要的两个问题是：(1)__________，(2)连接松动。

7. 数控机床故障时，除非出现__________的紧急情况，不要__________，要充分调查故障。

8. CNC是指__________系统，简称数控系统。

9. 数控机床的中____系统取代了传统机床中______传动。

10. 数控机床几何精度的检验，又称______精度的检验，它是反映机床关键零部件经______的综合几何形状误差。

11. 数控机床的驱动系统主要有______驱动系统和____驱动系统，前者的作用是控制各坐标轴的______运动；后者的作用是控制机床的主轴______运动。

12. 数控机床切削精度的检验，又称______精度检验，它是在切削加工的条件下，对机床______精度和______精度的一项综合性考核。

13. 主轴准停主要有三种实现方式，即______准停、____准停和____准停。

14. 故障诊断基本过程：__________、__________、__________、__________、__________、__________。

15. 工作台超程一般设有两道限位保护，一个为____限位，而另一个为____限位。

16. 数控设备回参考点故障的主要形式有__________和__________。

17. 数控机床机械故障诊断的主要内容，包括对机床运行状态的______，____和______三个方面。

18. 数控设备的维修就是以状态监测为主的____维修体系。

19. 数控设备接地一般采用______式，即____式。

20. 数控机床的伺服系统由__________和________两部分组成。

21. 数控机床故障分为________和________两大类。

22. 机械磨损曲线包含____、________、__________三个阶段组成。

23. 数控机床的可靠性指标有________、__________和____。

24. “系统”的基本特性为：______、______、____、______。

25. 影响数控机床加工精度的内部因素是切削力及力矩、摩擦力、振动、加工工艺系统元件的发热和本身载荷以及____中各零部件的几何精度和刚度等、外部因素是周围环境的________、______、____与污染及操作者的干扰等。

26. 故障诊断基本过程是：______、______、____、______、先简单后复杂、先一般后特殊。

27. 数控机床常用的刀架运动装置有：________________。

28. 滚珠丝杆螺母副间隙调整方式：__________________。

29. 干扰是指有用信号与______两者之比小到一定程度时，噪声信号影响到数控系统正常工作这一物理现象。

30. 1952 年，Parsons 公司与美国麻省理工学院（MIT）伺服机构研究所合作，研制出世界上第一台数控机床——________，标志着数控技术的诞生。

31. 数控功能的检验，除了用手动操作或自动运行来检验数控功能的有无以外，更重要的是检验其____和____。

32. 机床性能主要包括____系统性能，____系统性能，自动换刀系统、电气装置、安全装置、润滑装置、气液装置及各附属装置等性能。

33. 数控机床的精度检验内容包括____、______和______。

34. 选择合理规范的______和______方法，能避免被拆卸件的损坏，并有效地保持机床原有精度。

35. 滚珠丝杠结构形式，根据滚珠返回方式的不同分为____和____两种。

36. 机床导轨的功用主要是____和____运动部件沿一定的轨道运动。

二、单项选择题

1. CNC 数控机床中的可编程控制器得到控制指令后，可以去控制机床（　　）。

A. 工作台的进给　　B. 刀具的进给

C. 主轴变速与工作台进给　　D. 刀具库换刀，油泵升起

2. 在变频调速时，若保持 U/F = 常数，可实现（　　），并能保持过载能力不变。

A. 恒功率调速　　B. 恒电流调速　　C. 恒效率调速　　D. 恒转矩调速

3. 我国现阶段所谓的经济型数控系统大多是指（　　）系统。

A. 开环数控　　B. 闭环数控　　C. 可编程控制　　D. 继电-接触控制

4. 加工中心机床是一种在普通数控机床上加装一个刀库和（　　）而构成的数控机床。

A. 液压系统　　B. 检测装置　　C. 自动换刀装置　　D. 控制面板

5. 数控机床选购原则不包括（　　）。

A. 经济性　　B. 稳定可靠性　　C. 灵活性　　D. 可操作性

6. 数控机床的正确安装步骤是（　　）。

A. 拆箱—就位—找平—清洗—连接—确认

B. 就位—拆箱—找平—清洗—确认—连接

C. 就位—找平—拆箱—确认—清洗—连接

D. 拆箱—找平—就位—清洗—连接—确认

7. 数控机床精度检验有（　　）。

A. 几何精度，定位精度，切削精度

B. 几何精度，进给精度，切削精度

C. 水平精度，垂直精度，切削精度

D. 轴精度，几何精度，水平精度

8. 数控机床常用的低压配电电器是（　　）。

A. 中间继电器　　B. 电磁铁　　C. 电阻器　　D. 接触器

9. 数控机床中系统接地的目的是（　　）。

A. 滤波　　B. 安全及工作接地　　C. 屏蔽　　D. 隔离

10. 在抗干扰技术中的隔离不包括（　　）。

A. 光电隔离　　B. 变压器隔离　　C. 继电器隔离　　D. 电阻隔离

11. 数控设备数据通信的传输媒体不正确的是（　　）。

A. 双绞线　　B. 同轴电缆　　C. 软铜线　　D. 光缆

12. 数控机床中较少采用的电动机是（　　）。

A. 交流伺服电机　　B. 三相异步电动机

C. 直流伺服电机　　D. 测速发电机

13. 下列用于机床限位检测的元件是（　　）。

A. 光栅尺　　B. 行程开关　　C. 光电编码器　　D. 感应同步器

14. 在数控设备维修中使用万用表不用来测量（　　）。

A. 电阻　　B. 交流电压　　C. 直流电压　　D. 直流电流

15. 在数控机床中进给轴采用步进电机属于（　　）。

A. 开环控制系统　　B. 闭环控制系统

C. 半闭环控制系统　　D. 双闭环控制系统

16. 高档数控机床采用（　　）。

A. 开环控制系统　　B. 闭环控制系统

C. 半闭环控制系统　　D. 步进电机控制系统

17. 闭环控制系统的反馈装置装在（　　）。

A. 电机轴上　　B. 位移传感器上　　C. 传动丝杠上　　D. 机床移动部件上

18. 外径千分尺的测量精度一般能达到（　　）。

A. 0.02mm　　B. 0.05mm　　C. 0.01mm　　D. 0.1mm

19. 交流伺服电动机和直流伺服电动机的（　　）。

A. 工作原理及结构完全相同　　B. 工作原理相同，但结构不同

C. 工作原理不同，但结构相同　　D. 工作原理及结构完全不同

20. 在数控机床上加工封闭轮廓时，一般沿着（　　）进刀。

A. 法向　　B. 切向　　C. 轴向　　D. 任意方向

21. 行程开关在数控机床中起的作用是（　　）。

A. 短路保护　　B. 过载保护　　C. 欠压保护　　D. 超程保护

22. 数控机床的制动装置一般装在（　　）。

A. 导轨上　　B. 伺服电机上　　C. 滚珠丝杠上　　D. 刀架上

23. 车削加工中心与普通数控车床区别在于（　　）。

A. 有刀库与主轴进给伺服　　B. 有刀库与对刀测量装置

C. 有多个伺服刀架　　D. 加工速度高

24. 机械传动效率（　　）。

A. 大于1　　B. 小于1　　C. 等于1　　D. 负数

25. 某滚珠丝杠比较长，但负载不大，轴向刚度要求也不高，则可采用的安装支承方式是（　　）。

A. 仅一端装推力轴承　　B. 一端装推力轴承，一端装向心轴承

C. 两端装推力轴承　　D. 两端装推力轴承和向心轴承

26. 机床自动执行方式下按进给暂停键时，（　　）立即停止。

A. 计算机　　B. 控制系统　　C. 主轴转动　　D. 进给运动

27. 为避免程序错误造成刀具与机床部件或附件相撞，数控机床有（　　）行程极限。

A. 1种　　B. 2种　　C. 3种　　D. 多种

28. 交流伺服电机正在旋转时，如果控制信号消失，则电机将会（　　）。

A. 立即停止转动　　B. 以原转速继续转动

C. 转速逐渐加大　　D. 转速逐渐减小

29. 加工坐标系在（　　）后不被破坏（再次开机后仍有效），并与刀具的当前位置无关，只要按选择的坐标系编程。

A. 工件重新安装　　B. 系统切断电源

C. 机床导轨维修　　D. 停机间隙调整

30. 数控机床的精度指标包括测量精度、（　　）、机床几何精度、定位稳定性、加工精度和定位精度等。

A. 表面精度　B. 尺寸精度　C. 轮廓跟随精度　D. 安装精度

31. 三爪卡盘定位限制（　）自由度。

A. 2　B. 3　C. 4　D. 5

32. HNC-21T 数控系统接口中的 XS40-43 是（　）。

A. 电源接口　B. 开关量接口　C. 网络接口　D. 串行接口

33. 在数控机床验收中，属于机床几何精度检查的项目是（　）。

A. 回转原点的返回精度　B. 箱体掉头镗孔同心度

C. 主轴轴向跳动　D. 重复定位精度

34. 在数控生产技术管理中，包括对操作、刀具、编程、（　）进行管理。

A. 维修人员　B. 后勤人员　C. 会计人员　D. 职能部门

35. 国家标准规定，电气设备的安全电压是（　）。

A. 110V　B. 5V　C. 12V　D. 24V

36. 从理论上讲，闭环系统的精度主要取决于（　）的精度。

A. 伺服电机　B. 滚珠丝杠　C. CNC 装置　D. 检测装置

37. 数控机床移动部件实际位置与理想位置之间的误差称为（　）。

A. 重复定位精度　B. 定位精度　C. 分辨率　D. 伺服精度

38. 测量反馈装置的作用是为了（　）。

A. 提高机床定位、加工精度　B. 提高机床的使用寿命

C. 提高机床安全性　D. 提高机床灵活性

39. CNC 系统由程序输入、输出设备、计算机数字控制装置、可编程控制器（PLC）、主轴伺服系统和（　）等组成。

A. 位置检测装置　B. 控制面板　C. RAM　D. ROM

40. 数控机床在轮廓拐角处产生“欠程”现象，应采用（　）方法控制。

A. 提高进给速度　B. 修改坐标点　C. 减速或暂停　D. 返回机械零点

三、简答题

1. 数控机床整个使用寿命可分为几个阶段，每个阶段设备的使用和故障发生各有什么特点？

2. 数控机床的故障按故障发生的部件分类、按有无报警分类各有哪几种？

3. 数控机床的优点有哪些？

4. 数控机床安装、调试过程有哪些工作内容？

5. 数控机床安装调试时进行参数设定的目的是什么？

6. 机床通电操作的两种方式是什么？在通电试车时为以防万一，应做好什么准备？

7. 数控功能检验的主要内容有哪些？怎样检验？

8. 为什么说机床的定位精度是一项很重要的检测内容？

9. 机床维修拆卸前应做好的主要准备工作有哪些？

10. 数控机床与普通机床进给传动系统结构布置上有何区别?

11. 进给传动系统伺服电动机的主要类型有哪些?

12. 直齿圆柱齿轮传动中间隙消除的方法及特点有哪些?

13. 滚珠丝杠螺母副预紧的目的是什么?为什么要规定预紧力的大小?

14. 回转分度工作台的结构形式及各种回转工作台的特点有哪些?

15. 回转台工作台面的定位方式是什么?有什么要求?

16. 简述刀库的功用、种类及其应用场合。

17. 针对滑动导轨静摩擦因数大、摩擦磨损大、低速运行时易出现爬行现象的缺陷而采取的措施有哪些?

18. 滚动导轨的特点及优、缺点是什么?

19. 简述滚动导轨的结构形式及各种滚动导轨的特点与应用。

20. 静压导轨的原理及其对液压系统的要求有哪些?

21. 说出车床主要部分名称及其用途。

22. 丝杠的作用是什么?

23. 主轴箱有几种润滑方式?

24. 齿轮传动有何特点?

25. 销连接有什么特点?拆卸销时所用的工具叫什么?

26. 尾座的作用是什么?

27. 方形、圆形布置的成组螺母的拧紧顺序各是怎样的?

28. 说出溜板箱的作用。大托板、中托板、小托板各起何作用?

29. 装配螺纹件时常用的用具有哪些?

30. 数控车床与普通车床的结构上的区别是什么?

31. 拆装时,为什么不用铁锤而用铜棒?

32. 数控机床主传动系统有哪几种传动方式?各有什么特点?

33. 简述数控机床导轨的类型及要求,塑料导轨和滚动导轨的特点。

34. 试述滚珠丝杠副消除间隙的方法。

35. 数控机床机械部分主要包括哪几部分?

36. 刀库与换刀机械手保养要点是什么?

37. 进给传动机构保养要点是什么?

38. 机床导轨保养要点是什么?

39. 回转工作台保养要点是什么?

附录

一、安装滚珠丝杠并检测跳动

1. 安装右侧轴承座

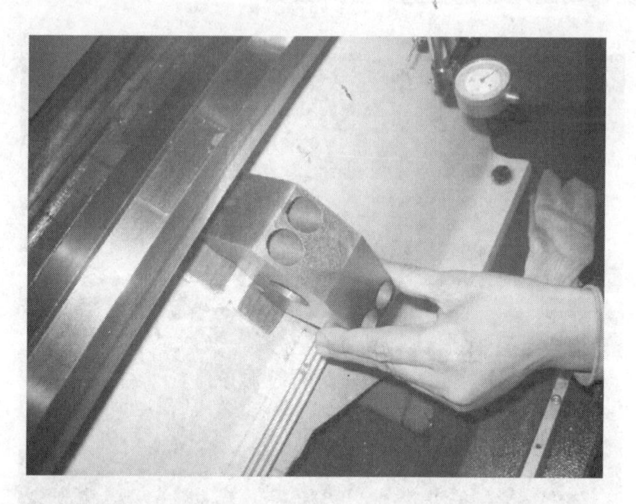

2. 插入右侧轴承座的检套

3. 另一根检棒插入溜板箱

4. 将桥架从左侧移动到尾座的位置，注意读数

5. 用铜棒调整右侧轴承座的位置，直至与左侧电机座调平

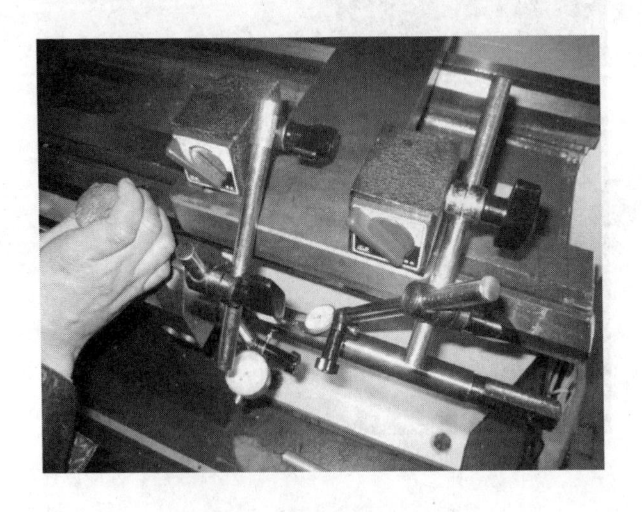

6. 重新装入滚珠丝杠，套入螺母副两端压板

7. 从左侧电机座依次装入轴承、挡圈、缩紧螺母

8. 拉入或敲入左侧轴承、挡圈、轴承座

9. 固定左侧支撑的压板和锁紧螺母

10. 重新安装右侧轴承座并用铝棒敲入轴承

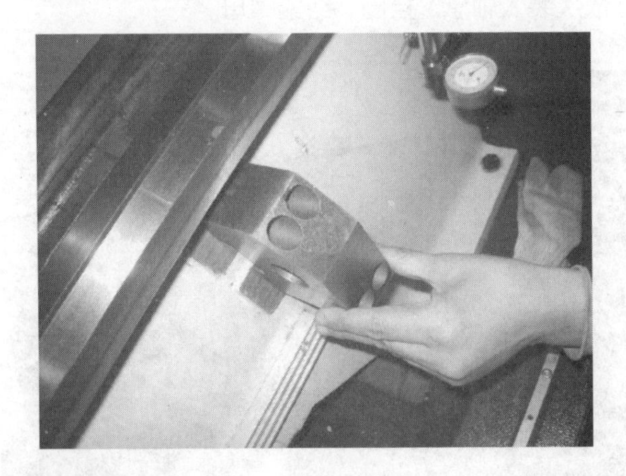

11. 松开丝杠螺母调整后再拧紧

12. 已上紧的压板

说明：

此组图片是数控机床装配、调试与维修技术专业方向教学改革高级研讨会暨师资邀请赛中录制的。

二、附表1 部件装配工艺卡

序号	部件装配工艺卡	产品名称		部件名称		第1页
	装配内容及技术要求	装入零件		工艺装配工具		
		图号名称	数量			
1	清洗零件					
	将轴承座、丝杠螺母座、电机座用柴油进行必要的清洗，滚动轴承用汽油或柴油进行清洗			油盘、油刷、汽油、柴油		
	清洗后的零件如必要用棉布擦拭			棉布		
	将清洗后的滚珠丝杠副、轴承等吊挂在立架上，将清洗后的其他零件放置在橡胶板上			立架、橡胶板		
2	拆卸机床尾座、主轴卡盘并放置在橡胶板上			内六角扳手		
3	Z轴溜板箱51011安装在床鞍上					
	(1)在溜板箱51011的丝杠螺母座安装中装上检套和检棒，检查其与床身导轨平行度，其上、侧母线全场允差均为≤0.01/200mm			百分表、检套、检棒、磁力表座、内六角扳手、桥尺		
	(2)在10040支架上装检套和检棒，51011溜板箱上装检套和检棒。打表找正检棒上、侧母线的同轴度，允差均为≤0.01/全长					
	(3)紧固51011溜板箱，装入定位销					
4	Z轴轴承支架(10033)拨正					
	(1)将10033支架把合在床身上，装检套、检棒。检测检棒与床身导轨平行度上、侧母线均≤0.01/200			百分表、检套、检棒、磁力表座、桥尺		
	(2)在10040支架装检套和检棒，10033轴承支架上装检套和肩膀，打表检测10033与10040检棒同轴度，在上、侧母线均≤0.01/全长					
5	装配电机支架10040组件					
	(1)从床身上拆下10033支架					
	(2)将滚珠丝杠副装在溜板箱上，把件10029及密封圈套在滚珠丝杠上			内六角扳手、铝套、榔头、什锦锉、油石、铜棒、木方		
	(3)将滚珠丝杠副伸出电机座，在丝杠上面依次装入760206轴承1件、10025、10026、760206轴承2件、10027及密封圈、10028，锁紧螺母M24×1.5(注：轴承内应涂润滑脂为滚刀1/3)					

续表

序号	部件装配工艺卡	产品名称		部件名称	第 2 页
	装配内容及技术要求	装入零件		工艺装配工具	
		图号及名称	数量		
5	(4)用 50×50×300 木方抵住溜板箱 51011 与电机座 10040，旋转滚珠丝副杠，将已安装在丝杠副上的组件拉入电机座，或脱开丝杠螺母与溜板箱的连接，用配套的铝套将已经在丝杠副上的组件敲入电机座			内六角扳手、铝套、榔头、什锦锉、油石、铜棒、木方	
	(5)将 10027 组件、10029 组件依次固定在 10040 上				
6	装配轴承支架 10033 组件				
	将 10033 支架套在滚珠丝杠副上，将其固定在床身相应位置，用铝套将轴承 106 安装到位，固定 10037。注：轴承内涂润滑脂为滚道的 1/3，并做好防尘			内六角扳手、什锦锉、油石、铜棒、铝套	
7	Z 轴滚珠丝杠安装				
	(1)将溜板箱移至电机座端，松开滚珠丝杠螺母螺钉，转动滚珠丝杠后，再拧紧其与溜板箱连接螺钉			铜棒、内六角扳手	
	(2)左右移动溜板箱，要求溜板箱在滚珠丝杠全行程上移动松紧度一致				
8	滚珠丝杠副轴向窜动及径向跳动调整				
	(1)完成上述工作后在床身上架千分杠杆表，在丝杠副中心孔内用黄油粘一 $\phi 6$ 钢球，用千分表表头接触其轴向顶面进行检测(丝杠副与电机连接端)，通过调整锁紧螺钉的预紧力来达到要求，轴窜不大于 0.008mm			黄油、千分杠杆表、磁力表座、$\phi 6$ 钢球、钩子扳手	
	(2)在相应位置检测丝杆径向跳动，径跳不大于 0.012mm			百分表、磁力表座	
9	伺服电机的安装				
	在上述工作合格，且伺服电机单独在机床外运行合格后按图依次装入联轴器、伺服电机，旋转滚珠丝杠副，依次先后固定伺服电机与联轴器，确保所有连接有效			内六角扳手	
10	按装配示意图装入此轴其他零件			内六角扳手	
11	装入机床尾座			内六角扳手	
12	机床运动精度检测完毕后装入机床主轴卡盘			内六角扳手	

三、附表 2 装配工艺过程卡

装配工艺过程卡片	产品型号		部件图号		共 7 页
	装配部门	检验	部件名称	整机	第 1 页

工序号	工序内容	技术要求	设备及工艺装备	记录	备注
一	精度检验				
1	G1 床身导轨直线度	(a)0.020 在任意 250 测量长度上为：0.0075	a b		
	(a)纵向(Z 轴)(导轨在垂直平面内的直线度)				
	(b)横向(X 轴)(导轨的平行度)	(b)0.040/1000			
	方法： (1)检查床身垫铁是否松动,位置是否符合要求 (2)将水平桥安装在刀塔上,纵向、横向各放置一块水平仪,等距离移动水平仪检验 将水平仪的读数依次排列,画出导轨误差曲线。曲线相对其两端点连线的最大坐标值,就是导轨全长的直线度误差。曲线上任意局部测量长度的两端点相对曲线的两端点连线的坐标差值,就是导轨的局部误差		XCL1003-69701 床身水平桥 0.02/1000 水平仪		
2	G2 尾座套筒轴线对主轴架溜板移动的平行度		a b		
	(a)在主平面内	(a)每 300 测量长度上为 0.015(向刀具偏)			
	(b)在次平面内	(b)每 300 测量长度上为 0.020(向上偏)			
	方法： 进行检验时,尾座套筒伸出有效长度后,按正常工作状态锁紧		液压磁表座 千分表		

续表

装配工艺过程卡片	产品型号		部件图号	整机	共 7 页	
	装配部门	检验	部件名称		第 2 页	

工序号	工序内容	技术要求	设备及工艺装备	记录	备注
3	G3 顶尖轴线主刀架溜板移动的平行度		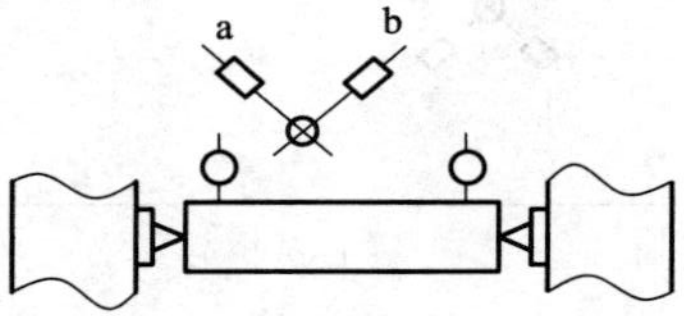		
	(a)在主平面内	(a)0.015			
	(b)在次平面内	(b)0.040(尾座高)			
	方法： 尾座按正常工作状态锁紧。在检验棒两端测取读数		等高棒：1.4cm71-5		
			主轴顶尖：1.4cm72-1		
			尾座顶尖：DM154;GB 9204.1		
			液压磁表座		
			千分表		
4	G4 主轴端部的跳动				
	(a)主轴的周期性轴向窜动	(a)0.01			
	(b)主轴卡盘定位端面的跳动	(b)0.020(包括周期性轴向窜动)			
	方法： 力 F 的值应是消除轴向间隙的最小值，其值由制造厂规定 进行检验时，应旋转主轴		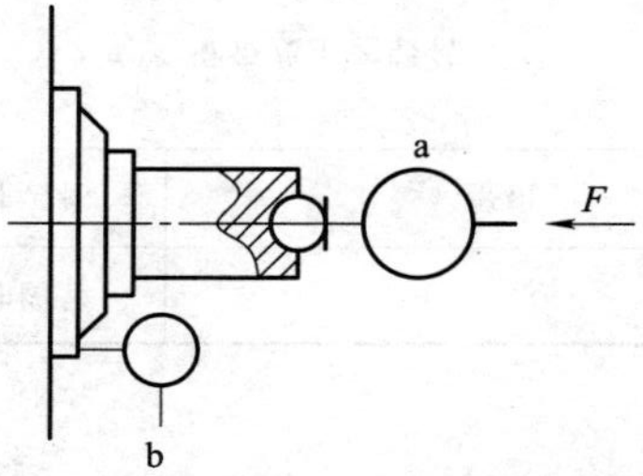		

续表

装配工艺过程卡片		产品型号		部件图号	整机	共 7 页
		装配部门		部件名称	检验	第 3 页

工序号	工序内容	技术要求	设备及工艺装备	记录	备注
5	G5 主轴轴端的卡盘定位锥面的径向跳动	0.01	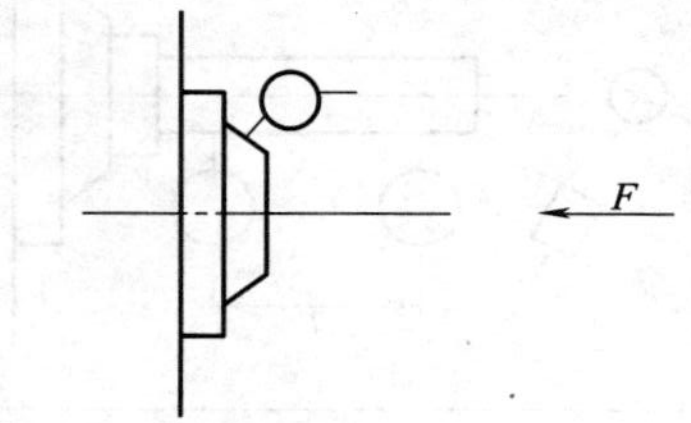		
	方法： 力 F 的值应是消除轴向间隙的最小值，其值由制造厂规定 进行检验时，应旋转主轴 表针垂直触及在被检验的表面上		液压磁表座 千分表		
6	G6 主轴锥孔轴线的径向跳动				
	(a)靠近主轴端面	(a)0.010			
	(b)距离主轴端面 300 处	(b)0.020	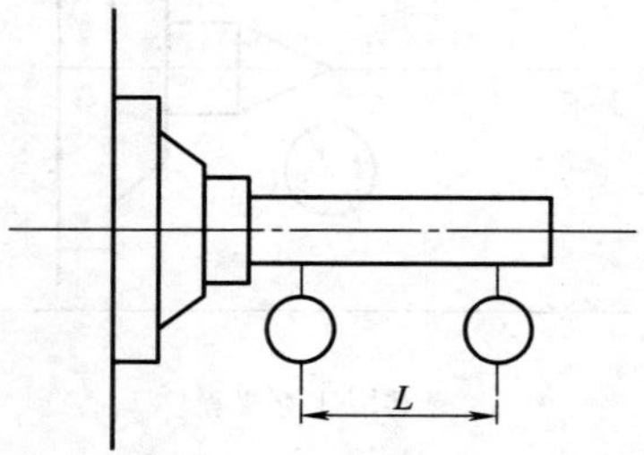		
	方法： 应将检验棒相对主轴旋转 90°重新插入检验，共检验四次，四次检验结果的平均值就是径向圆跳动误差值。a、b 的误差分别计算		主轴检棒(300) 1.4CM71-2 液压磁表座 千分表		

续表

<table>
<tr><td colspan="2" rowspan="2">装配工艺过程卡片</td><td>产品型号</td><td></td><td>部件图号</td><td></td><td colspan="2">共 7 页</td></tr>
<tr><td>装配部门</td><td>检验</td><td>部件名称</td><td>整机</td><td colspan="2">第 4 页</td></tr>
<tr><td rowspan="2">工序号</td><td colspan="3">工序内容</td><td rowspan="2" colspan="2">设备及工艺装备</td><td rowspan="2">记录</td><td rowspan="2">备注</td></tr>
<tr><td colspan="2">工序内容</td><td>技术要求</td></tr>
<tr><td rowspan="2">7</td><td colspan="2">G7 主轴顶尖的跳动</td><td>0.015</td><td colspan="2" rowspan="2">主轴顶尖:1.4CM72-1
液压磁表座
千分表</td><td rowspan="2"></td><td rowspan="2"></td></tr>
<tr><td colspan="3">方法：
力 F 的值应是消除轴向间隙的最小值，其值由制造厂规定
进行检验时，应旋转主轴
表针垂直触及在被检验的表面上</td></tr>
<tr><td rowspan="4">8</td><td colspan="3">G8 横刀架纵向移动对主轴轴线的平行度</td><td colspan="2" rowspan="4">主轴检棒(300)
1.4CM71-2
液压磁表座
千分表</td><td rowspan="4"></td><td rowspan="4"></td></tr>
<tr><td colspan="2">(a)在主平面内</td><td>(a)每 300 测量长度上为 0.015
(检验棒伸出端只许向刀具)</td></tr>
<tr><td colspan="2">(b)在次平面内</td><td>(b)每 300 测量长度上为0.025
(只许向上偏)</td></tr>
<tr><td colspan="3">方法：
必须旋转主轴 180°作两次测量，两次检验结果的代数和之半，就是平行度误差值。a、b 的误差分别计算</td></tr>
</table>

续表

装配工艺过程卡片	产品型号		部件图号		共 7 页	
	装配部门	检验	部件名称	整机	第 5 页	

工序号	工序内容	技术要求	设备及工艺装备	记录	备注
9	G9 横刀架横向移动对主轴轴线的垂直度	0.010/100a<90°	平面盘:CM71-2230 液压磁表座 千分表		
	方法: 旋转主轴 180°,再检验一次。两次检验结果的代数和之半,就是垂直度误差值				
10	G10 工具孔轴线与主轴轴线的重合度		液压磁表座 千分表		
	(a)在主平面内	(a)0.030			
	(b)在次平面内	(b)0.030			
	方法: 检验棒固定在工具孔中 回转刀架在它的前面位置或尽可能地靠近主轴前端。表针尽可能靠近回转刀架触及在检验棒上				

续表

<table>
<tr><td colspan="2" rowspan="2">装配工艺过程卡片</td><td>产品型号</td><td></td><td>部件图号</td><td colspan="2">整机</td><td>共 7 页</td></tr>
<tr><td>装配部门</td><td>检验</td><td>部件名称</td><td colspan="2">整机</td><td>第 6 页</td></tr>
<tr><td rowspan="2">工序号</td><td colspan="3">工序内容</td><td colspan="2" rowspan="2">设备及工艺装备</td><td rowspan="2">记录</td><td rowspan="2">备注</td></tr>
<tr><td colspan="2">工序内容</td><td colspan="1">技术要求</td></tr>
<tr><td rowspan="4">11</td><td colspan="2">G11 工具孔轴线对回转刀架纵向移动的平行度</td><td></td><td colspan="2" rowspan="3"></td><td></td><td rowspan="4"></td></tr>
<tr><td colspan="2">(a)在主平面内</td><td>(a)每 100 测量上都上为 0.030</td><td></td></tr>
<tr><td colspan="2">(b)在次平面内</td><td>(b)每 100 测量长度上为 0.030</td><td></td></tr>
<tr><td colspan="3">方法：
检验棒固定在工具孔中
指示器安装在机床的固定部件上
本检验对每一个工具孔位置都应检验</td><td colspan="2">液压磁表座
千分表</td><td></td></tr>
<tr><td rowspan="4">12</td><td colspan="2">G12 回转刀架转位的重复度</td><td></td><td colspan="2" rowspan="3"></td><td></td><td rowspan="4"></td></tr>
<tr><td colspan="2">(a)在主平面内</td><td>(a)0.005</td><td></td></tr>
<tr><td colspan="2">(b)在次平面内</td><td>(b)0.010
(在距回转刀架或刀架端面 100 处测量)</td><td></td></tr>
<tr><td colspan="3">方法：
在回转刀架的中心行程处记录读数，用自动循环使回转刀架退回，转位 360°，再返回原来位置，记录读数误差以回转刀架至少回转三周的最大和最小读数之差值计
本检验对回转刀架的每一个位置都应重复进行检验，对于每一个位置，表针都应调到零</td><td colspan="2">液压磁表座
千分表</td><td></td></tr>
</table>

续表

装配工艺过程卡片	产品型号		部件图号		共 7 页	
	装配部门	检验	部件名称	整机	第 7 页	
工序号	工序内容	技术要求	设备及工艺装备		记录	备注
13	尾座移动对主刀架溜板移动的平行度					
	(a)在主平面内	(a)0.030	L			
	(b)在次平面内	(b)0.030				
			液压磁表座千分表			
14	G14 重复定位精度		激光测距仪			
	(a)Z 轴	(a)0.008				
	(b)X 轴	(b)0.007				
15	G15 定位精度		激光测距仪			
	(a)Z 轴	(a)0.020				
	(b)X 轴	(b)0.016				
16	G16 反向差值		激光测距仪			
	(a)Z 轴	(a)0.010				
	(b)X 轴	(b)0.006				
	方法： 工作行程小于 1500 时，选取不小于 10 个目标位置；工作行程大于 1500 时，在常用工作行程 1000 内，选取不少于 10 个目标位置。其余行程每 300 左右取 1 个目标位置 在机床不动部件固定激光测距仪，使其光束通过主平面且平行于回转刀架的运动方向。在回转刀架上固定反射镜，按数控程序，使回转刀架沿轴线快速移动，分别对每个目标位置从正负两个方向趋近，以线性循环式连续监测五次，测出每一个位置误差，即实际位置与目标位置之差值					

参 考 文 献

[1] 张定华. 数控加工手册. 北京：化学工业出版社，2013.

[2] 石秀敏. 华中数控系统调试与维护. 北京：国防工业出版社，2011.

[3] 刘万菊，赵长明. 数控加工工艺及设备. 北京：高等教育出版社，2003.

[4] 金禧德. 金工实习. 北京：高等教育出版社，2008.

[5] 高玉芬，朱凤艳. 机械制图. 大连：大连理工大学出版社，2004.

[6] 单岩，王敬艳等. 模具结构的认识拆装与测绘. 杭州：浙江大学出版社，2010.

[7] 高红宇. 数控机床拆装与测绘. 北京：化学工业出版社，2014.

[8] 余仲裕. 数控机床维修（高职类）. 北京：机械工业出版社，2011.

[9] 韩鸿鸾. 数控机床维修实例. 北京：中国电力出版社，2006.

[10] 熊军. 数控机床维修与调整. 北京：人民邮电出版社，2007.